几何量公差与检测实验指导书

（第 七 版）

甘永立　主编

上 海 科 学 技 术 出 版 社

图书在版编目(CIP)数据

几何量公差与检测实验指导书/甘永立主编. —7 版.
—上海:上海科学技术出版社,2015.1(2022.8 重印)
ISBN 978-7-5478-2284-5

Ⅰ. ①几… Ⅱ. ①甘… Ⅲ. ①机械元件-尺寸公差
-实验-高等学校-教学参考资料 ②机械元件-检测-
实验-高等学校-教学参考资料 Ⅳ. ①TG801-33

中国版本图书馆 CIP 数据核字(2014)第 142018 号

几何量公差与检测实验指导书(第七版)

甘永立 主编

上海世纪出版(集团)有限公司 出版、发行
上 海 科 学 技 术 出 版 社
(上海市闵行区号景路 159 弄 A 座 9F-10F)
邮政编码 201101 www.sstp.cn
常熟市兴达印刷有限公司印刷
开本 787×1092 1/16 印张 6.75
字数:148 千字
1989 年 3 月第 1 版 1995 年 2 月第 2 版
2002 年 4 月第 3 版 2004 年 7 月第 4 版
2005 年 7 月第 5 版 2010 年 1 月第 6 版
2015 年 1 月第 7 版 2022 年 8 月第 34 次印刷
印数 162 951—165 970
ISBN 978-7-5478-2284-5/TG·71
定价:13.00 元

本书如有缺页、错装或坏损等严重质量问题,请向工厂联系调换

内 容 提 要

几何量公差与检测课程即互换性与测量技术基础课程。本书是与《几何量公差与检测》或《互换性与测量技术基础》基本教材配套使用的教材。

本书共分几何量测量基础知识、线性尺寸测量、表面粗糙度轮廓幅度参数测量、几何误差测量、圆锥角测量、圆柱螺纹测量和圆柱齿轮测量等 7 章,共 20 个实验。每个实验均包含实验目的、测量原理(测量方法)、量仪说明、实验步骤、思考题等内容,若干实验还有测量数据处理方法和示例的内容。

本书供高等学校机械类各专业师生在教学中使用,也可作为继续教育院校机械类各专业的教材。

配套电子课件下载说明

本书编制了 20 个实验的 23 种实验报告及参考资料——齿轮类零件精度和箱体类零件精度综合性检测实验(第八章)的课件,在上海科学技术出版社网站"课件/配套资源"栏目公布,欢迎读者登录 www. sstp. cn 下载。

第七版前言

几何量公差与检测课程即互换性与测量技术基础课程,是机械类各专业的一门重要技术基础课。

根据机械工业部教育局1982年教高字第17号文和1987年教学便字第0005号文的指示,上海科学技术出版社分别于1985年出版了《几何量公差与检测》基本教材、1987年出版了与该基本教材配套的《几何量公差与检测习题试题集》教材。该基本教材业已出版了10版,该题集业已出版了7版。

根据国家机械工业委员会教育局1987年教高便字第050号文的指示,上海科学技术出版社1989年出版了《几何量公差与检测实验指导书》教材。该指导书与上述两本教材配套使用,业已出版了6版。

《几何量公差与检测》(第二版)基本教材于1992年获第二届全国高等学校机电类专业优秀教材二等奖。

实验课是本课程的重要教学环节。通过实验课,可以使学生熟悉有关几何量测量的基本知识、测量原理(测量方法)、常用计量器具的使用方法和数据处理方法,同时可以巩固学生在课堂上所学的内容,培养学生的基本技能和动手能力。经过近几年教学的实践和本学科的发展,与时俱进,我协作组决定出版第七版《几何量公差与检测实验指导书》教材,以进一步满足教学的需要。

本书分为几何量测量基础知识、线性尺寸测量、表面粗糙度轮廓幅度参数测量、几何误差测量、圆锥角测量、圆柱螺纹测量和圆柱齿轮测量等7章,共20个实验,系统地介绍有关计量器具的测量原理、结构和使用方法。各校可根据本校具体的设备条件和不同专业的教学要求,选做本书中的一些实验,示范表演另一些实验。

第一至第七版教材均由吉林工业大学(今吉林大学)甘永立主编。第七版教材的作者如下:第一章、第七章实验十四、实验十五、实验十六、实验十七、实验十八,甘永立;第二章实验一和实验二,湖南大学许艳;第二章实验三和第四章实验八,长春大学王颖淑;第三章实验四和实验六,合肥工业大学潘晓蕙;第三章实验五,吉林大学周淑红、王志琼;第四章实验七,吉林大学侯磊;第四章实验九,湖南大学胡仲勋;第四章实验十和第七章实验十九,吉林大学寇尊权;第五章实验十一、第六章实验十二和实验十三,西安理工大学王新年;第七章实验二十,长春理工大学李丽娟。

由于我们的水平所限,书中难免存在缺点和错误,欢迎广大读者批评指正。

本书编制了20个实验的23种实验报告及参考资料——齿轮类零件精度和箱体类零件精度综合性检测实验(第八章)的课件,在上海科学技术出版社网站“课件/配套资源”栏目公布,欢迎读者登录 www.sstp.cn 下载。

《几何量公差与检测》课程协作组

2014年10月

目　　录

实验守则……………………………………………………………………… 1

实验报告的内容和要求……………………………………………………… 2

第一章　几何量测量基础知识……………………………………………… 3

　　一、几何量测量的基本概念…………………………………………… 3

　　二、计量器具的基本技术性能指标…………………………………… 3

　　三、测量方法的分类…………………………………………………… 4

　　四、量块………………………………………………………………… 5

　　五、游标尺……………………………………………………………… 7

　　六、千分尺……………………………………………………………… 8

　　七、指示表……………………………………………………………… 9

　　八、机械比较仪………………………………………………………… 12

第二章　线性尺寸测量……………………………………………………… 13

　　实验一　用立式光学比较仪测量光滑极限塞规…………………… 13

　　实验二　用测长仪测量光滑极限量规……………………………… 19

　　实验三　用内径指示表测量孔径…………………………………… 25

第三章　表面粗糙度轮廓幅度参数测量…………………………………… 28

　　实验四　用光切显微镜测量表面粗糙度轮廓的最大高度………… 28

　　实验五　用触针式轮廓仪测量表面粗糙度轮廓的算术平均偏差… 32

　　实验六　用干涉显微镜测量表面粗糙度轮廓的最大高度………… 37

第四章　几何误差测量……………………………………………………… 42

　　实验七　直线度误差测量…………………………………………… 42

　　实验八　用指示表和平板测量平面度误差、平行度误差和位置度误差… 51

　　实验九　用光学分度头测量圆度误差……………………………… 56

实验十　径向和轴向圆跳动测量 ……………………………………… 61

第五章　圆锥角测量 …………………………………………………… 64

实验十一　用正弦尺、量块、平板和指示式量仪测量外圆锥角 ……… 64

第六章　圆柱螺纹测量 ………………………………………………… 66

实验十二　在大型工具显微镜上用影像法测量外螺纹 ……………… 66

实验十三　用三针法测量外螺纹的单一中径 ………………………… 72

第七章　圆柱齿轮测量 ………………………………………………… 75

实验十四　齿轮单个齿距偏差和齿距累积总偏差的测量 …………… 75

实验十五　齿轮齿廓总偏差的测量 …………………………………… 82

实验十六　齿轮螺旋线总偏差的测量 ………………………………… 87

实验十七　齿轮齿厚偏差的测量 ……………………………………… 90

实验十八　齿轮公法线长度偏差的测量 ……………………………… 92

实验十九　齿轮径向跳动的测量 ……………………………………… 95

实验二十　齿轮径向综合偏差的测量 ………………………………… 98

实 验 守 则

制定本守则,旨在使学生注意爱护实验设备、掌握正确的实验方法和认真进行实验操作,保证实验质量。

1. 实验前按实验指导书有关内容进行预习,了解本轮各个实验的目的、要求和测量原理。

2. 按规定的时间到达实验室。入室前,掸去衣帽上的灰尘,穿上工作服和拖鞋。除与本轮实验有关的书籍和文具外,其他物品不得携入室内。

3. 实验室内保持整洁、安静,严禁吸烟,不准乱扔纸屑和废棉花,不准随地吐痰。

4. 开始做实验之前,应在教师指导下,对照量具量仪,了解它们的结构和调整、使用方法。

5. 做实验时,必须经教师同意后方可使用量具量仪。在接通电源时,要特别注意量仪所要求的电压和所使用的变压器。实验中要严肃认真,按规定的操作步骤进行测量,记录数据。操作要仔细,切勿用手触摸量具量仪的工作表面和光学镜片。

6. 要爱护实验设备,节约使用消耗性用品。若量具量仪发生故障,应立即报告教师进行处理,不得自行拆修。

7. 凡与本轮实验无关的量具量仪,均不得动用或触摸。

8. 对量具量仪的测量面、精密金属表面和测头、被测工件,要先用优质汽油洗净,再用棉花擦干后使用。测量结束后要再清洁这些表面,并均匀涂上防锈油。

9. 实验完毕,要切断量仪的电源,清理实验场地,将所用的实验设备整理好,放回原处,认真书写实验报告。经教师同意后,方可离开实验室。

10. 凡不遵守实验守则经指出而不改正者,教师有权停止其实验。若情节严重,对实验设备造成损坏者,应负赔偿责任,并给予处分。

实验报告的内容和要求

撰写实验报告是训练学生撰写科技论文的能力的环节。实验报告是考核学生学习成绩和评估教学质量的重要依据。

学生对所做的实验应该做到测量原理清楚,测量方法和操作步骤正确,测量数据比较可靠,并且会处理测量数据和查阅公差表格。

实验报告应由每个学生独立完成,用钢笔、炭黑墨水笔或圆珠笔工整书写。报告内容要层次清楚,文字简明通顺,图、表清晰,符合汉语规范和法定计量单位。

实验报告一般包含下列 5 项内容:

(1) 实验名称;

(2) 实验目的;

(3) 实验记录;

(4) 测量数据处理及相应结论;

(5) 回答思考题。

实验记录包括:

(1) 实验所用计量器具的名称、标尺分度值(或分辨力)、标尺示值范围和计量器具测量范围;

(2) 被测工件的名称,被测部位的公称尺寸、极限偏差或公差,测量草图(注明被测部位);

(3) 调整计量器具示值零位所选用的各块量块的尺寸;

(4) 测量数据(列表,并注明数据的计量单位和有关符号)。

必要时,在实验报告上可按要求画出被测孔、轴尺寸公差带示意图,确定安全裕度、验收极限和计量器具的测量不确定度的允许值,以及分析测量误差和书写实验心得。

按GB /T 3177—2009《产品几何技术规范(GPS) 光滑工件尺寸的检验》的规定,安全裕度 A 取为被测孔、轴尺寸公差 T 的十分之一(即 $A = 0.1T$),计量器具的测量不确定度的允许值 u_1 取为安全裕度 A 的十分之九(即 $u_1 = 0.9A$)。所选用计量器具的测量不确定度 u_1' 应不大于允许值 u_1。相应地,被测孔、轴的上验收极限为工件的上极限尺寸减去一个安全裕度 A,下验收极限为工件的下极限尺寸加上一个安全裕度 A。

第一章 几何量测量基础知识

一、几何量测量的基本概念

零件加工后,其几何量需加以测量或检验,以确定它们是否符合零件图上给定的技术要求。几何量测量是指为了确定被测几何量的量值,将被测几何量 x 与作为计量单位的标准量 E 进行比较,从而得出两者比值 q 的过程。这可用下式表示:

$$x = qE$$

由上式可知,任何一个几何量测量过程必须有被测对象和所采用的计量单位。此外,还包含:两者应怎么进行比较(即应采用适当的测量方法),并保证测量结果准确可靠(即应保证测量精度)。

二、计量器具的基本技术性能指标

计量器具的基本技术性能指标是合理选择和使用计量器具的重要依据。参看图 0-1,其中主要的指标如下。

1. 标尺刻度间距

标尺刻度间距是指计量器具标尺或分度盘上相邻两刻线中心之间的距离或圆弧长度。为适于人眼观察,刻度间距一般为 $1 \sim 2.5$ mm。

2. 标尺分度值

标尺分度值是指计量器具标尺或分度盘上每一刻度间距所代表的量值。一般长度计量器具的分度值有 0.1 mm、0.05 mm、0.02 mm、0.01 mm、0.005 mm、0.002 mm、0.001 mm 等几种。例如,图 0-1 所示机械比较仪的分度值为 0.001 mm。再如,千分尺的分度值为 0.01 mm,光学比较仪的分度值为 0.001 mm。

3. 分辨力

分辨力是指计量器具所能显示的最末一位数所代表的量值。由于在一些量仪(如数字式量仪)中,读数采用非标尺或非分度盘显示,因此就不能使用分度值这一概念,而将其称作分辨力。例如,国产 JC19 型数显式万能工具显微镜的分辨力为 0.5 μm。

4. 标尺示值范围

标尺示值范围是指计量器具所能显示或指示的被测几何量起始值到终止值的范围。例如,图 0-1 所示机械比较仪的分度盘(标尺)所能指示的最低值为 -100 μm,最高值为 $+100$ μm,因此示值范围 B 为 -100 μm 到 $+100$ μm。再如,$25 \sim 50$ mm 千分尺的示值范围为 25 mm 到 50 mm。

5. 计量器具测量范围

计量器具测量范围是指计量器具在允许的误差限内所能测出的被测几何量量值的下限值到上限值的范围。测量范围上限值与下限值之差称为量程。例如,图 0-1 所示机械比较

仪的测量范围 L 为 0～180 mm,量程为 180 mm。再如 25～50 mm 千分尺的测量范围为 25～50 mm,量程为 25 mm。

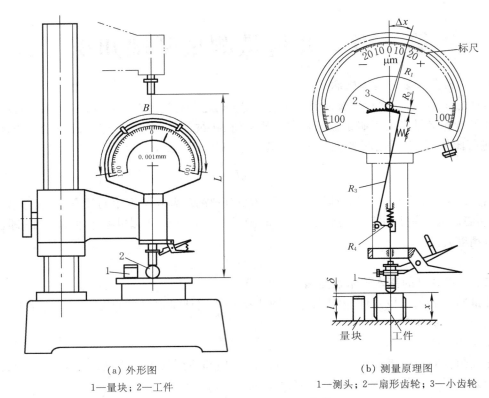

(a) 外形图
1—量块；2—工件

(b) 测量原理图
1—测头；2—扇形齿轮；3—小齿轮

图 0-1　杠杆齿轮式机械比较仪

6. 计量器具的测量不确定度

计量器具的测量不确定度是指在规定条件下测量时,由于计量器具的误差而对被测几何量量值不能肯定的程度。它用测量极限误差表示。

三、测量方法的分类

在几何量测量中,测量方法应根据被测零件的特点(如材料硬度、外形尺寸、结构、批量大小等)和被测对象的精度要求来选择和确定。测量方法可从不同的角度进行分类。

(一) 按实测几何量是否为被测几何量分类

测量可分为直接测量和间接测量。

1. 直接测量

直接测量是指被测几何量的量值直接由计量器具读出。例如,用游标卡尺、千分尺或测长仪测出轴径或孔径的大小,用公法线千分尺测出齿轮公法线长度的数值。

2. 间接测量

间接测量是指欲测量的几何量的量值由实测几何量的量值按一定的函数关系式运算后获得。例如,用正弦尺和量块、指示式量仪测量外圆锥角,用三针法测量外螺纹的单一中径。

间接测量的测量精度通常比直接测量的低。

（二）按计量器具上的示值是否为被测几何量的量值分类

测量可分为绝对测量和相对测量。

1. 绝对测量

绝对测量是指计量器具显示或指示的示值即是被测几何量的量值。例如，用游标卡尺、千分尺或立式测长仪测量轴径的大小。

2. 相对测量

相对测量（比较测量）是指计量器具显示出或指示出被测几何量相对于已知标准量的偏差，被测几何量的量值为已知标准量与该偏差的代数和。例如图 0-1b 所示，用机械比较仪测量轴径时，先用尺寸为 l 的量块调整示值零位，该比较仪指示出的示值 Δx 为被测轴径 x 相对于量块尺寸 l 的偏差 δ，即 $x = l + \Delta x$。

一般来说，相对测量的测量精度比绝对测量的高。

（三）按测量时被测表面与计量器具的测头是否接触分类

测量可分为接触测量和非接触测量。

1. 接触测量

接触测量是指测量时计量器具的测头与被测表面接触，并有机械作用的测量力。例如，用机械比较仪测量轴径，用千分尺测量轴径。

用接触测量法测量不同形状的被测表面时，应选用相应形状的测头。例如，测量圆球表面、圆柱面和平面时应分别使用平面形测头、刀刃形测头和圆球形测头。

2. 非接触测量

非接触测量是指测量时计量器具的测头不与被测表面接触。例如，用光切显微镜测量表面粗糙度轮廓的最大高度，在工具显微镜上用影像法测量外螺纹的牙侧角、螺距和中径。

（四）按被测工件上是否有几个几何量一起测量分类

测量可分为单项测量和综合测量。

1. 单项测量

单项测量是指分别对工件上的几个被测几何量进行独立的测量。例如，用工具显微镜分别测量外螺纹的牙侧角、螺距和中径，用渐开线测量仪和双测头式齿距比较仪分别测量同一齿轮的齿廓总偏差和单个齿距偏差。

2. 综合测量

综合测量是指同时测量工件上几个相关几何量的综合效应和综合指标，以判断综合结果是否合格。例如，用螺纹量规的通规检验螺纹单一中径、螺距和牙侧角实际值的综合结果是否合格，用齿轮双啮仪测量齿轮齿廓总偏差和单个齿距偏差的综合结果是否合格。

四、量块

量块是一种没有刻度的形状为长方六面体的量具（图 0-2），具有两个平行的测量面。这两个测量面极为光滑平整，它们之间具有精确的尺寸。量块是长度量值传递系统中的实物标准，是实现从光波波长（自然长度标准）到测量实践之间长度量值传递的媒介，可以用来检定和调整计量器具、机床、工具和其他设备，也可直接用于测量工件。

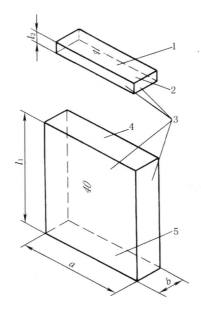

图 0-2　量块

1、4—上测量面；2、5—下测量面；
3—侧面；a—测量面长度；b—测量面
宽度；l_1、l_2—量块长度（量块尺寸）

（一）有关量块尺寸精度的术语

参看图 0-3，有关量块测量面与尺寸精度的术语如下。

1. 量块长度

量块长度 l 是指量块一个测量面上的任意点（距测量面边缘 0.8 mm 范围内不计）到与其相对的另一测量面相研合的辅助体表面之间的垂直距离。

2. 量块的中心长度

量块中心长度 l_c 是指对应于量块未研合测量面中心点的量块长度。

3. 量块的标称长度

量块的标称长度 l_n 是指标记在量块上，用以表明其与主单位(m)之间关系的量值，也称为量块长度的示值。

4. 任意点的量块长度偏差

任意点的量块长度偏差 e 是指任意点的量块长度与标称长度的代数差，即 $e=l-l_n$。图 0-3b 中的"$+t_e$"和"$-t_e$"为量块长度极限偏差。

5. 量块的长度变动量

量块的长度变动量 v 是指量块测量面上任意点中的最大长度 l_{max} 与最小长度 l_{min} 之差，即 $v=l_{max}-l_{min}$。

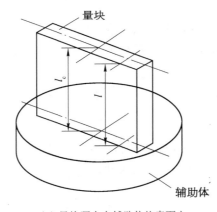

（a）量块研合在辅助体的表面上

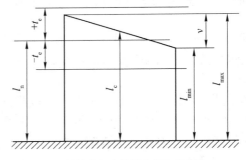

（b）量块的长度极限偏差和变动量

图 0-3　有关量块尺寸精度的术语

6. 量块测量面的平面度误差

量块测量面的平面度误差是指包容量块测量面的实际表面且距离为最小的两个平行平面之间的距离。

每块量块只指示一个尺寸。标称长度 $l_n \leqslant 5.5$ mm 的量块，代表其标称长度的数码刻印在上测量面上，标称长度 $l_n \geqslant 6$ mm 的量块（按国标规定的量块尺寸系列，没有标称长度大于 5.5 mm 且小于 6 mm 的量块），代表其标称长度的数码刻印在面积较大的一个侧面上，如图 0-2 和图 0-4 所示。

（二）量块的精度等级

为了满足不同应用场合的需要，国家标准对量块规定了若干精度等级。

1. 量块的分级

按照 JJG 146—2011《量块检定规程》的规定，量块的制造精度分为五级：K、0、1、2、3级，其中 K 级精度最高，精度依次降低，3 级最低。量块分"级"的主要依据是量块长度极限偏差（$l_n \pm t_e$）、量块长度变动量 v 的允许值和量块测量面的平面度公差。

2. 量块的分等

按照 JJG 146—2011《量块检定规程》的规定，量块的检定精度分为五等：1、2、3、4、5等，其中 1 等最高，精度依次降低，5 等最低。量块分"等"的主要依据是量块测量的不确定度的允许值、量块长度变动量 v 的允许值和量块测量面的平面度公差。

量块按"级"使用时，应以量块的标称长度作为工作尺寸，该尺寸包含了量块的制造误差。量块按"等"使用时，应以经检定后所给出的量块中心长度的实际尺寸作为工作尺寸，该尺寸排除了量块制造误差的影响，仅包含检定时较小的测量误差。因此，量块按"等"使用的测量精度比量块按"级"使用时高。

（三）量块的使用

两块量块的测量面，或一块量块的测量面与一个辅助体（玻璃或石英）的测量平面之间具有相互研合的能力（研合性）。因此，可以从成套的各种不同尺寸的量块中选取几块适当的量块组成所需要的尺寸。为了减少量块组的长度（尺寸）累积误差，选取的量块块数应尽量少，通常以不超过四块为宜。选取量块时，从消去所需要的尺寸的最小尾数开始，逐一选取。例如，从 83 块一套的量块中选取尺寸为 36.375 mm 的量块组，可分别选用 1.005 mm、1.37 mm、4 mm 和 30 mm 共四块量块。

研合量块组时，首先用优质汽油将所选用的各块量块清洗干净，用洁布擦干，然后以大尺寸量块为基础，顺次将小尺寸量块研合上去。研合方法如下：将量块沿着其测量面长边方向，先将两块量块测量面的端缘部分接触并研合，然后稍加压力，将一块量块沿着另一块量块推进，如图 0-4 所示，使两块量块的测量面全部接触，并研合在一起。

使用量块时要小心，避免碰撞或跌落，切勿划伤其测量面。对于量块组和大尺寸量块，最好用竹镊子夹持，减少手拿量块的时间，以减少手温的影响。量块使用后要立即用优质汽油洗净，用洁布擦去手迹，并涂上防锈油。

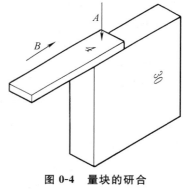

图 0-4　量块的研合
A—加力方向；B—推进方向

五、游标尺

游标尺有游标卡尺、游标深度尺、游标高度尺和游标测齿卡尺等几种。它们的读数装置都由主尺和游标两部分组成，读数原理和读数方法皆分别相同。它们用于测量线性尺寸。

参看图 0-5 所示的游标卡尺，装有游标的尺框 3 可以沿主尺 1 移动。测量工件时，尺框在主尺上移动到适当的位置后，将锁紧螺钉 6 拧紧，再旋转微动螺母 2 还可以使尺框（游标）移动一段不大的距离。两副测量爪 4 和 5 的内测量面都用于测量外尺寸，测量爪 4 的外测量面用于测量内尺寸。

被测工件尺寸的整数毫米部分在游标零刻线左边的主尺上读出,比 1 mm 小的部分则利用游标读出。游标分度值有 0.1 mm、0.05 mm、0.02 mm 等三种。它是指主尺一个或两个刻度间距与游标一个刻度间距的微小差值。

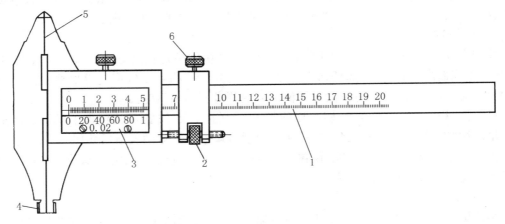

图 0-5　游标卡尺

1—主尺；2—微动螺母；3—尺框(游标)；4—内、外尺寸测量爪；5—外尺寸测量爪；6—锁紧螺钉

六、千分尺

千分尺有外径千分尺、内径千分尺、深度千分尺和专用千分尺(如公法线千分尺)等几种,都是利用螺旋副运动原理制成的计量器具。它们的读数原理和读数方法皆分别相同,用于测量线性尺寸。

参看图 0-6,外径千分尺的读数装置由固定套管 4 和微分筒 5 组成。固定套管 4 的外面有刻度间距为 0.5 mm 的纵向刻度标尺,里面有螺距为 0.5 mm 的调节螺母。微分筒 5 上有等分 50 格的圆周刻度,并且与螺距为 0.5 mm 的测微螺杆 2 固定成一体。测量时,利用测微螺杆与调节螺母构成的螺旋副,将微分筒的角位移转换为测微螺杆的轴向直线位移。当微分筒旋转一周时,测微螺杆的轴向位移为 0.5 mm;当微分筒旋转一格时,测微螺杆的轴向位移为 0.5/50＝0.01 mm,此即为千分尺的分度值。

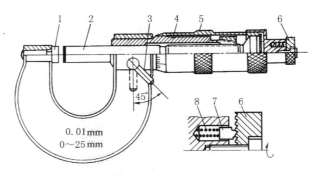

图 0-6　外径千分尺

1—测量砧；2—测微螺杆；3—锁紧柄；4—固定套管；5—微分筒；6—棘轮；7—棘爪；8—弹簧

当旋转微分筒 5 而测微螺杆 2 及测量砧 1 与工件快要接触时,应缓慢旋转棘轮 6,在弹簧 8 的作用下,使棘轮 6 经棘爪 7 带动微分筒 5 旋转,直到棘爪 7 发出喀喀的响声。喀喀声表示工件已与测微螺杆 2 及测量砧 1 接触。

读数时,先从固定套管 4 上读出整数毫米部分和 0.5 mm 部分,再从微分筒 5 上读出小于 0.5 mm 的部分。三者相加,就是被测工件尺寸的数值。

七、指示表

指示表按其分度盘的分度值分为百分表(分度值为 0.01 mm)和千分表(分度值为 0.005 mm、0.002 mm 或 0.001 mm),按其外形分为钟表型指示表和杠杆型指示表。它们利用齿轮传动将测杆的微量直线位移放大转换成指针的角位移,在分度盘上指示出来。它们用于测量线性尺寸、几何误差和齿轮误差等。

1. 钟表型百分表及其测量原理

参看图 0-7,用钟表型百分表测量时,具有齿条的测杆 1 作直线运动,带动与该齿条啮合的小齿轮 z_2 转动,从而使与小齿轮 z_2 固定在同一根轴上的大齿轮 z_3 及短指针转动。大齿轮 z_3 又带动小齿轮 z_1 及与它固定在同一根轴上的长指针转动。这样,测杆的微量直线位移经齿轮传动放大为长指针的角位移,由分度盘指示出来。为了消除齿轮传动中齿侧间隙引起的空程误差,在百分表内装有游丝 2。由游丝产生的扭力矩作用在与小齿轮 z_1 啮合的齿轮 z_4 上,以保证齿轮无论正转或反转都在同一侧面的齿面啮合。在百分表内还装有弹簧 3,它用来控制测量力。

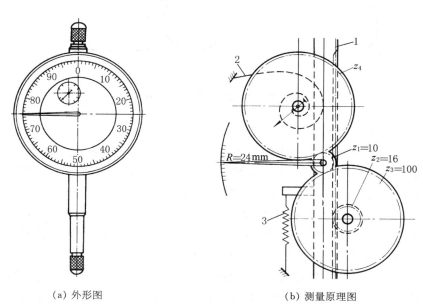

(a) 外形图　　　　　　　　　　(b) 测量原理图

图 0-7　钟表型百分表

1—测杆；2—游丝；3—弹簧

百分表的放大倍数 K 按下式计算:

$$K = \frac{2R}{mz_1} \cdot \frac{z_3}{z_2}$$

式中　z_1、z_2、z_3——齿轮齿数；

m——齿轮模数(mm)；

R——长指针的长度(mm)。

百分表的结构中，$R = 24$ mm，$m = 0.199$ mm，$z_1 = 10$，$z_2 = 16$，$z_3 = 100$，因此，$K \approx 150$。沿分度盘圆周刻有 100 格等分刻度，而刻度间距 $a = 1.5$ mm，于是百分表的分度值 $i = a/K = 1.5/150 = 0.01$ mm。

进行测量时，先将测杆向表内压缩 1~2 mm(长指针按顺时针方向旋转 1~2 转)，然后转动分度盘，使分度盘上的零刻线对准长指针，以调整示值零位。长指针旋转一转，则短指针旋转一格。根据短指针所在的位置，可以知道长指针相对于分度盘零刻线的旋转方向和旋转了几转。

使用钟表型指示表时，其测杆的轴线应垂直于被测平面，或通过圆截面的中心线(图 0-8)，否则会产生测量误差。

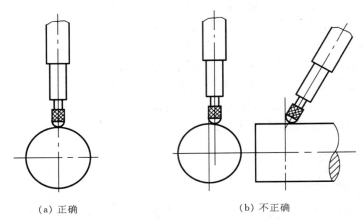

(a) 正确　　　　　　　　　　(b) 不正确

图 0-8　钟表型指示表测杆的测量位置

2. 杠杆型千分表及其测量原理

参看图 0-9，用杠杆型千分表测量时，测杆 1 左右摆动，通过拨杆 2、扇形齿轮 z_1、圆柱齿轮 z_2、平面齿轮 z_3 和圆柱齿轮 z_4，使与齿轮 z_4 固定在同一根轴上的指针 3 转动。这样，测杆 1 的测头的微量直线位移经过齿轮传动放大为指针 3 的角位移，由分度盘指示出来。

扇形齿轮 z_1 上有两个圆柱销 B 和 D。当测杆 1 绕固定心轴 A 向右摆动时，测杆 1 上的销轴 E 拨动拨杆 2 向左转动，拨杆 2 推动圆柱销 D(此时拨杆 2 与圆柱销 B 脱开)，使扇形齿轮 z_1 绕浮动心轴 C 向左转动，带动齿轮 z_2、z_3、z_4 和指针 3 转动。

当测杆 1 绕固定心轴 A 向左摆动时，测杆 1 上的销轴 E 拨动拨杆 2 向右转动，拨杆 2 推动扇形齿轮 z_1 上的圆柱销 B(此时拨杆 2 与圆柱销 D 脱开)，使扇形齿轮 z_1 绕浮动心轴 C 也向左转动，带动齿轮 z_2、z_3、z_4 和指针 3 转动。

这两条传动链应具有相同的放大比 K。上述千分表的结构中，指针 3 的长度 $R = 14$ mm；齿轮的模数 $m = 0.111$ mm，齿数 $z_1 = 428$、$z_2 = 19$、$z_3 = 120$、$z_4 = 21$；杠杆 1 的臂长 $L = 16$ mm；心轴 A 与 C 的中心距 $d = 15$ mm；心轴 C 与圆柱销 B 的中心距 $l_1 = 3.17$ mm；心轴 C 与圆柱销 D 的中心距 $l_2 = 5.5$ mm。因此，当测杆 1 向右摆动时，放大比 K 如下计算：

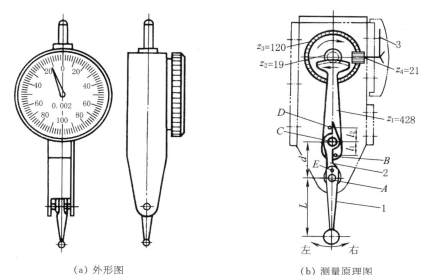

| （a）外形图 | （b）测量原理图 |

图 0-9　杠杆型千分表

1—测杆；2—拨杆；3—指针

$$K = \frac{2R}{mz_4} \cdot \frac{z_3}{z_2} \cdot \frac{mz_1}{2l_2} \cdot \frac{d+l_2}{L} = \frac{2 \times 14}{21} \times \frac{120}{19} \times \frac{428}{11} \times \frac{20.5}{16} \approx 420$$

当测杆 1 向左摆动时，放大比 K 如下计算：

$$K = \frac{2R}{mz_4} \cdot \frac{z_3}{z_2} \cdot \frac{mz_1}{2l_1} \cdot \frac{d-l_1}{L} = \frac{2 \times 14}{21} \times \frac{120}{19} \times \frac{428}{6.34} \times \frac{11.83}{16} \approx 420$$

该千分表分度盘圆周刻有正向、反向各 50 格等分刻度，刻度间距 $a = 0.84\,\mathrm{mm}$，因此分度盘的分度值 $i = a/K = 0.84/420 = 0.002\,\mathrm{mm}$。

测量时，用手将测杆 1 绕心轴 A 扳到所需的测量位置，转动分度盘使其上的零刻线对准指针 3，以调整示值零位。参看图 0-10，测杆的轴线应平行于被测平面，允许测杆轴线与被测平面间略有倾斜，但倾斜角 α 不得超过 16°。

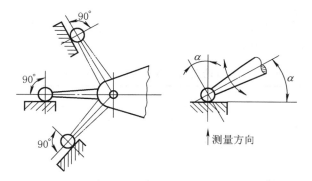

图 0-10　杠杆型指示表测杆轴线的测量位置

3. 指示表的测量不确定度

指示表的测量不确定度见表 0-1。

表 0-1　指示表的测量不确定度(摘自JB/Z 181—82)

尺寸范围(mm)	分度值为 0.001 mm 的千分表(0 级在全程范围内,1 级在 0.2 mm 内),分度值为 0.002 mm 的千分表(在 1 转范围内)	分度值为 0.001、0.002、0.005 mm 的千分表(1 级在全程范围内),分度值为 0.01 mm 的百分表(0 级在任意 1 mm 内)	分度值为 0.01 mm 的百分表(0 级在全程范围内,1 级在任意 1 mm 内)	分度值为 0.01 mm 的百分表(1 级在全程范围内)
	测　量　不　确　定　度　u_1'(mm)			
≤25 >25～40 >40～65 >65～90 >90～115	0.005	0.010	0.018	0.030

注：本表规定的数值是指测量时,使用的标准器由四块 1 级(或 4 等)量块组成的数值。

八、机械比较仪

比较仪按实现原始信号转换的方法可分为机械式量仪、光学式量仪、电动式量仪和气动式量仪等几类。机械比较仪是指用机械方法实现原始信号转换的量仪,如指示表、杠杆齿轮式比较仪和杠杆式比较仪等。它们用于测量线性尺寸、几何误差和齿轮误差等。

杠杆齿轮式比较仪的测量原理图如图 0-1b 所示。测杆及安装在其上的测头 1 向上或向下移动时,使杠杆短臂 R_4 产生摆动。杠杆长臂 R_3 的顶端是一个扇形齿轮 2,它随着杠杆短臂 R_4 摆动而向左或向右转动,并带动小齿轮 3 及固定在其上的指针 R_1 按顺时针或逆时针方向转动。因此,测头 1 的微量直线位移 δ,经过杠杆 R_4—R_3 和齿轮传动(杠杆 R_2—R_1),放大成指针 R_1 末端相对于圆弧标尺的角位移(若干个刻度间距,示值为 Δx)。该比较仪的结构中,$R_1 = 50$ mm,$R_2 = 1$ mm,$R_3 = 100$ mm,$R_4 = 5$ mm。因此,该比较仪的放大倍数 K 按下式计算:

$$K = \frac{R_1}{R_2} \cdot \frac{R_3}{R_4} = \frac{50}{1} \times \frac{100}{5} = 1\,000$$

该比较仪标尺(分度盘)的圆周刻有 200 格等分刻度,刻度间距 $a = 1$ mm。因此,该标尺的分度值 $i = a/K = 1/1\,000 = 0.001$ mm。

测量时,测杆的轴线(测头)应垂直于被测平面,或通过圆截面的中心线,如图 0-8 所示。

比较仪的测量不确定度见表 0-2。

表 0-2　比较仪的测量不确定度(摘自JB/Z 181—82)

尺寸范围(mm)	分度值为 0.000 5 mm	分度值为 0.001 mm	分度值为 0.002 mm	分度值为 0.005 mm
	测　量　不　确　定　度　u_1'(mm)			
≤25	0.000 6	0.001 0	0.001 7	0.003 0
>25～40	0.000 7			
>40～65	0.000 8	0.001 1	0.001 8	
>65～90	0.000 8			
>90～115	0.000 9	0.001 2	0.001 9	

注：本表规定的数值是指测量时,使用的标准器由四块 1 级(或 4 等)量块组成的数值。

第二章 线性尺寸测量

实验一 用立式光学比较仪测量光滑极限塞规

线性尺寸可以用相对测量法(比较测量法)进行测量,相对测量常用的量仪有机械、光学、电感和气动比较仪等几种。用比较仪测量时,首先根据被测尺寸的公称值或某一极限值 L 组成量块组,然后用该量块组调整量仪示值零位。若实际被测尺寸相对于量块组尺寸存在偏差,就可以从量仪的标尺上读取该偏差的数值 Δx,则实际被测尺寸为 $x = L + \Delta x$。

立式光学比较仪也称立式光学计,是一种精度较高且结构简单的光学仪器,适用于外尺寸的精密测量。

一、实验目的

1. 掌握用相对测量法测量线性尺寸的原理。

2. 了解立式光学比较仪的结构并熟悉它的使用方法。

3. 熟悉量块的使用与维护方法。

二、用普通立式光学比较仪测量光滑极限塞规

1. 量仪说明和测量原理

图 1-1 为普通立式光学比较仪的外形图。量仪主要由底座 1、立柱 7、横臂 5、直角形光管 12 和工作台 15 等几部分组成。

直角形光管是量仪的主要部件,它由自准直望远镜系统和正切杠杆机构组合而成,其光学系统如图 1-2a 所示。光线经反射镜 1、棱镜 9 投射到分划板 6 上的刻线尺 8(它位于分划板左半部分),而分划板 6 位于物镜 3 的焦平面上。当刻线尺 8 被照亮后,从刻线尺发出的光束经直角转向棱镜 2、物镜 3 后形成平行光束,投射到平面反射镜 4 上。光束从平面反射镜 4 上反射回来后,在分划板 6 右半部分形成刻线尺 8 的影像,如图

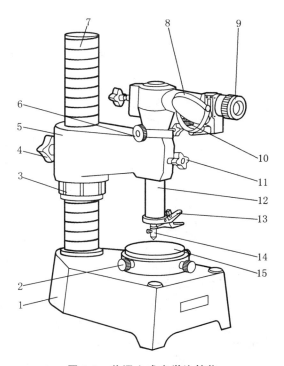

图 1-1 普通立式光学比较仪

1—底座；2—工作台调整螺钉(共四个)；3—横臂升降螺圈；4—横臂固定螺钉；5—横臂；6—细调螺旋；7—立柱；8—进光反射镜；9—目镜；10—微调螺旋；11—光管固定螺钉；12—光管；13—测杆提升器；14—测杆及测头；15—工作台

1-2b所示。从目镜 7 可以观察到该影像和一条固定指示线。刻线尺中部有一条零刻线，它的两侧各有 100 条均布的刻线，它们之间构成 200 格刻度间距。零刻线与固定指示线处于同一高度位置上(即物镜焦点 C 的位置，见图 1-3)。

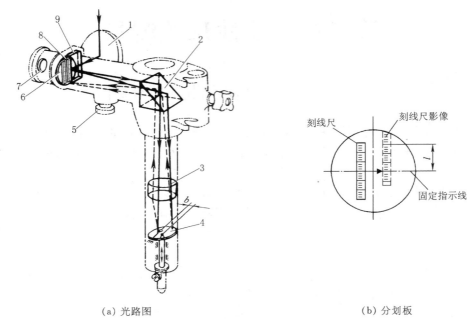

（a）光路图　　　　　　　　　　　　　（b）分划板

图 1-2　普通立式光学比较仪的光学系统图

1—反射镜；2—直角转向棱镜；3—物镜；4—平面反射镜；5—微调螺旋；6—分划板；
7—目镜；8—刻线尺；9—棱镜

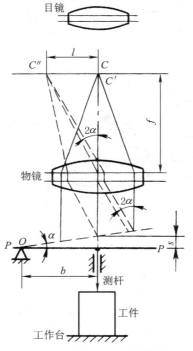

图 1-3　光学比较仪测量原理图

光学比较仪的测量原理(即自准直原理)如图 1-3 所示(图中没有画出图 1-2a 中的直角转向棱镜)。从物镜焦点 C 发出的光线，经物镜后变成一束平行光，投射到平面反射镜 P 上，若平面反射镜 P 垂直于物镜主光轴，则从反射镜 P 反射回来的光束由原光路回到焦点 C，像点 C' 与焦点 C 重合(即刻线尺上零刻线的影像与固定指示线重合，量仪示值为零)。如果被测尺寸变动，它使测杆产生微小的直线位移 s，推动反射镜 P 绕支点 O 转动一个角度 α，则反射镜 P 与物镜主光轴不垂直，反射光束与入射光束间的夹角为 2α，经物镜光束汇聚于像点 C"，从而使刻线尺影像产生位移 l。根据刻线尺影像相对于固定指示线的位移的大小即可判断被测尺寸的变动量。C" 点与 C 点间的距离 l 的计算公式如下：

$$l = f \tan 2\alpha$$

式中　f——物镜的焦距；

　　　　α——平面反射镜偏转角度。

测杆位移 s 与平面反射镜偏转角度 α 的关系为

$$s = b\tan\alpha$$

式中　b——测杆到平面反射镜支点 O 的距离。

这样,刻线尺影像位移 l 对测杆位移 s 的比值即为光管的放大倍数 n,计算公式如下:

$$n = \frac{l}{s} = \frac{f\tan 2\alpha}{b\tan\alpha}$$

由于 α 角很小,取 $\tan 2\alpha \approx 2\alpha, \tan\alpha \approx \alpha$,则

$$n = \frac{2f}{b}$$

光管中物镜的焦距 $f = 200$ mm,测杆到平面反射镜支点 O 的距离 $b = 5$ mm。于是

$$n = \frac{2\times 200}{5} = 80$$

目镜的放大倍数为 12,量仪的放大倍数 $K = 12n = 12\times 80 = 960$。

光管中分划板上刻线尺的刻度间距 c 为 0.08 mm,人眼从目镜中看到的刻线尺影像的刻度间距 $a = 12c = 12\times 0.08 = 0.96$ mm,因此量仪的分度值为

$$i = \frac{a}{K} = \frac{12\times 0.08}{12\times 80} = 0.001 \text{ mm} = 1\ \mu\text{m}$$

也就是说,当测杆移动一个微小的距离 0.001 mm 时,经过 960 倍的放大后,人眼能够从目镜清楚地看到刻线尺 8 的影像移动 1 格(图 1-2),即移动 0.96 mm 的距离。

量仪的示值范围为 $\pm 100\ \mu$m;测量范围为 $0\sim 180$ mm。

2. 实验步骤(参看图 1-1)

(1) 选择测头。测头的形状有圆球形、刀刃形及平面形等三种。所选择测头的形状与被测表面的几何形状有关。根据测头与被测表面的接触应为点接触的准则,选择测头并把它安装在测杆上。

(2) 根据被测塞规工作部分的公称尺寸或某一极限尺寸选取几块量块,并把它们研合成量块组。

(3) 通过变压器接通电源。拧动四个螺钉 2,调整工作台 15 的位置,使它与测杆 14 的移动方向垂直(通常,实验室已调整好此位置,切勿再拧动任何一个螺钉 2)。

(4) 将量块组放在工作台 15 的中央,并使测头 14 对准量块的上测量面的中心点,按下列步骤进行量仪示值零位调整。

① 粗调整:松开螺钉 4,转动螺圈 3,使横臂 5 缓缓下降,直到测头 14 与量块的上测量面接触,且从目镜 9 的视场中看到刻线尺影像为止,然后拧紧螺钉 4。

② 细调整:松开螺钉 11,转动细调螺旋 6,使刻线尺零刻线的影像接近固定指示线(± 10 格以内),然后拧紧螺钉 11。细调整后的目镜视场如图 1-4a 所示。

③ 微调整:转动微调螺旋 10,使零刻线影像与固定指示线重合。微调整后的目镜视场如图 1-4b 所示。

④ 按动测杆提升器 13,使测头 14 起落数次,检查示值稳定性。要求示值零位变动不超过 1/10 格,否则应查找原因,并重新调整示值零位,直到示值零位稳定不变,方可进行测量工作。

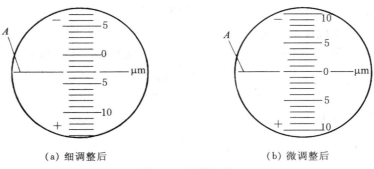

(a) 细调整后　　　　　　　　　　　(b) 微调整后

图 1-4　目镜视场

A—固定指示线

（5）按动测杆提升器 13，使测头 14 抬起，取下量块组，换上被测塞规，松开提升器 13，使测头 14 与被测塞规工作表面接触。参看图 1-5，在塞规工作表面均布的三个横截面 Ⅰ、Ⅱ、Ⅲ 上，分别对相互垂直的两个直径位置 AA′、BB′ 进行测量。测量时，将被测塞规工作表面在测头下缓慢地前后移动，读取示值中的最大值（即刻线尺影像移动方向的转折点），即为被测塞规工作部分实际尺寸相对于量块组尺寸的偏差。

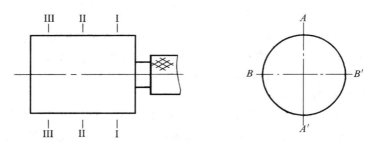

图 1-5　测量部位

（6）取下被测塞规，再放上量块组复查示值零位，其零位误差不得超过 ±0.5 μm。

（7）确定被测塞规工作部分的实际尺寸，并按塞规图样或 GB/T 1957—2006《光滑极限量规　技术要求》，判断被测塞规的合格性。

三、用投影立式光学比较仪测量光滑极限塞规

1. 量仪说明和测量原理

图 1-6 为 JD3 型投影立式光学比较仪的外形图。量仪主要由投影灯 1、立柱 5、读数装置 18、光管 15 和工作台 11 等几部分组成。量仪的读数装置和光管是其主要部件。读数装置的正面有示值显示屏 17。

量仪的投影光学系统图如图 1-7 所示，由投影灯 1 发出的光线经过聚光镜 2 和滤色片 15，通过隔热玻璃 14，投射到分划板上的刻线尺 13。光线再经过反射棱镜 12，投射到准直物镜 9。分划板位于准直物镜 9 的焦平面上，当刻线尺 13 被照亮后，从刻线尺 13 发出的光束经准直物镜 9 后形成平行光束（入射光束），投射到平面反射镜 8 上。

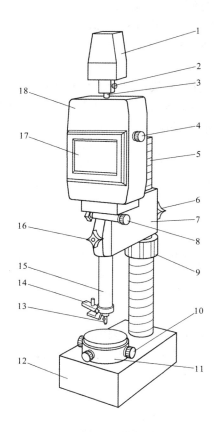

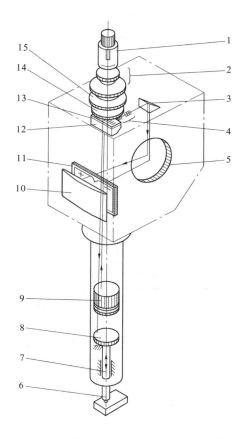

图 1-6　投影立式光学比较仪

1—投影灯；2—投影灯固定螺钉；3—支柱；
4—微调螺旋（用于调整示值零位）；5—立柱；
6—横臂固定螺钉；7—横臂；8—细调手轮（偏
心轮，用于调整示值零位）；9—横臂升降螺圈；
10—工作台调整螺钉（共四个）；11—工作台；
12—底座；13—测杆及测头；14—测杆提升器；
15—光管；16—光管固定螺钉；17—示值显示
屏；18—读数装置

图 1-7　投影立式光学比较仪的
投影光学系统图

1—投影灯；2—聚光镜；3—直角棱镜；4—投影
物镜；5—反射镜；6—测头；7—测杆；8—平面
反射镜；9—准直物镜；10—示值显示屏（读数
放大镜）；11—投影屏；12—棱镜；13—
分划板及刻线尺；14—隔热玻璃；15—滤色片

光束从平面反射镜 8 反射回来，反射光束经准直物镜 9 反射到棱镜 12、投影物镜 4、直角棱镜 3、反射镜 5 和投影屏 11，在投影屏 11 上形成刻线尺 13 的影像。从示值显示屏 10 可以观察到该影像。

量仪的测量原理（即自准直原理）如图 1-8 所示。当测头 2 接触工件 3 的被测表面时，如果被测尺寸变动，则与测头 2 连接成一体的测杆 1 会产生微小的直线位移 s，它推动平面反射镜 P 绕支点 O 转动一个角度 α，因此，使平面反射镜 P 的反射光束与准直物镜（图 1-7 中的件 9）主光轴不平行，反射光束与入射光束间的夹角为 2α。

设测杆 1 与支点 O 之间的距离为 b，则

$$s = b\tan\alpha$$

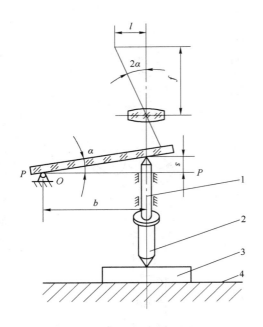

图 1-8 量仪的测量原理图

1—测杆；2—测头；3—工件；4—工作台；
P—平面反射镜(图 1-7 中的件 8)

当测杆 1 移动微小距离 s 时,刻线尺 13 (图 1-7)的影像也随之而产生位移 l,该位移与准直物镜的焦距 f 的关系如下:

$$l = f \tan 2\alpha$$

这样,刻线尺影像的位移 l 对测杆位移 s 的比值即为光管的放大倍数(也称为光学杠杆的传动比)n,其计算公式如下:

$$n = \frac{l}{s} = \frac{f \tan 2\alpha}{b \tan \alpha}$$

由于 α 角很小,取 $\tan 2\alpha \approx 2\alpha$,$\tan \alpha \approx \alpha$,则

$$n = \frac{2f}{b}$$

光管中准直物镜的焦距 $f = 200\ \text{mm}$,测杆 1 与支点 O 之间的距离 $b = 5\ \text{mm}$,于是

$$n = \frac{2 \times 200}{5} = 80$$

读数装置中投影物镜(图 1-7 中的件 4)的放大倍数 v_1 为 18.75,读数放大镜(图 1-7 中的件 10)的放大倍数 v_2 为 1.1,因此量仪的放大倍数 K 为

$$K = v_1 v_2 n = 18.75 \times 1.1 \times 80 = 1\ 650$$

读数装置中分划板刻线尺的影像在示值显示屏上显示的刻度间距 a 为 1.65 mm。因此量仪分度值 i 为

$$i = \frac{a}{K} = \frac{1.65}{1\ 650} = 0.001\ \text{mm} = 1\ \mu\text{m}$$

也就是说,当测杆移动一个微小的距离 0.001 mm 时,经过 1 650 倍的放大后,人眼能够从示值显示屏(读数放大镜)清楚地看到刻线尺影像移动 1 格,即移动 1.65 mm 的距离。

量仪的示值范围为 $\pm 100\ \mu\text{m}$,测量范围为 0～180 mm。

2. 实验步骤(参看图 1-6)

(1) 选择测头:测头的形状有球形、刀刃形及平面形等三种。所选择测头的形状与被测表面的几何形状有关。根据测头与被测表面的接触应该为点接触的准则来选择测头,并把它安装在测杆上。

(2) 根据被测塞规工作部分的公称尺寸或某一极限尺寸选取几块量块,并把它们研合成量块组。

(3) 通过变压器接通电源。拧动四个螺钉 10,调整工作台 11 的位置,使它与测杆 13 (图 1-7 中的件 7)的移动方向垂直(实验室已调整好此位置,切勿再拧动任何一个螺钉 10)。

(4) 调整量仪示值零位:将量块组放在工作台 11 的中央,并使测杆上的测头 13 对准量块的上测量面的中心点,按下列步骤进行量仪示值零位调整。

① 粗调整:松开螺钉 6,转动横臂升降螺圈 9,使横臂 7 缓缓下降,直到测头与量块测量

面接触,从示值显示屏 17 能够看到刻线尺影像为止,然后拧紧螺钉 6。

② 细调整:松开螺钉 16,转动细调手轮 8(偏心轮),使刻线尺零刻线的影像接近固定指示线(±10 格以内),然后拧紧螺钉 16。细调整后的读数视场如图 1-9a 所示。

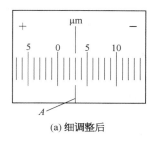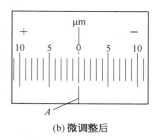

(a)细调整后　　　　　　　　　　(b)微调整后

图 1-9　读数视场

A—固定指示线

③ 微调整:转动位于读数装置 18 右侧的微调螺旋 4,使刻线尺零刻线的影像与固定指示线重合。微调整后的读数视场如图 1-9b 所示。

④ 按动测杆提升器 14,使测头起落数次,检查示值稳定性。示值零位的变动不得超过 1/10 格,否则应寻找原因,并重新调整示值零位,直到示值零位稳定不变,方可进行测量工作。

(5)按动测杆提升器 14,使测头抬起,取下量块组,换上被测塞规,松开提升器 14,使测头与被测塞规工作表面接触。参看图 1-5,在塞规工作表面均布的三个横截面 Ⅰ、Ⅱ、Ⅲ 上,分别对相互垂直的两个直径位置 AA'、BB' 进行测量。测量时,将被测塞规在测头下缓慢地前后移动,读取示值中的最大值(即刻线尺影像移动方向的转折点),即为被测塞规工作部分的实际尺寸对量块组尺寸的偏差。

(6)取下被测塞规,再放上量块组复查示值零位。其零位误差不得超过 ±0.5 μm。

(7)确定被测塞规工作部分的实际尺寸,并按塞规图样或 GB/T 1957—2006《光滑极限量规　技术要求》,判断被测塞规的合格性。

四、思考题

1. 用立式光学比较仪测量光滑极限塞规属于何种测量方法,它有何特点?该量仪能否用于绝对测量?

2. 什么是量仪的刻度间距和分度值?量仪的测量范围和示值范围有何不同?

3. 怎样正确地选用量块和研合量块组?使用量块时应注意哪些问题?在本实验中是按"级"使用量块,还是按"等"使用量块?

实验二　用测长仪测量光滑极限量规

线性尺寸可以用绝对测量法进行测量,所用的量具量仪颇多,测长仪是其中的一种。

测长仪是按照阿贝原则设计的。它以一根精密刻线尺作为标准器,测量时将被测长度置于标准刻线尺的延长线上,再将两者进行比较,从而确定出被测尺寸的量值。

测长仪不仅用于绝对测量,也可用于比较测量。测长仪按测量轴线位于铅垂方向或水平方向,分为立式和卧式测长仪。前者用于测量外尺寸;后者既能测量外尺寸,也能测量内尺寸,配上专用附件还可进行小孔直径及内、外螺纹中径的测量等。

一、实验目的

1. 了解测长仪的结构并熟悉其使用方法。
2. 熟悉螺旋读数原理及螺旋读数装置的使用和读数方法。
3. 熟悉示值投影显示的测长仪的读数方法。
4. 掌握用测长仪进行绝对测量和比较测量的原理。

二、用立式测长仪测量光滑极限塞规

1. 量仪说明和测量原理

立式测长仪是一种精度较高的光学仪器,图 2-1 为立式测长仪的外形图。量仪由支承装置、传动装置、测量和螺旋读数装置等三部分组成。

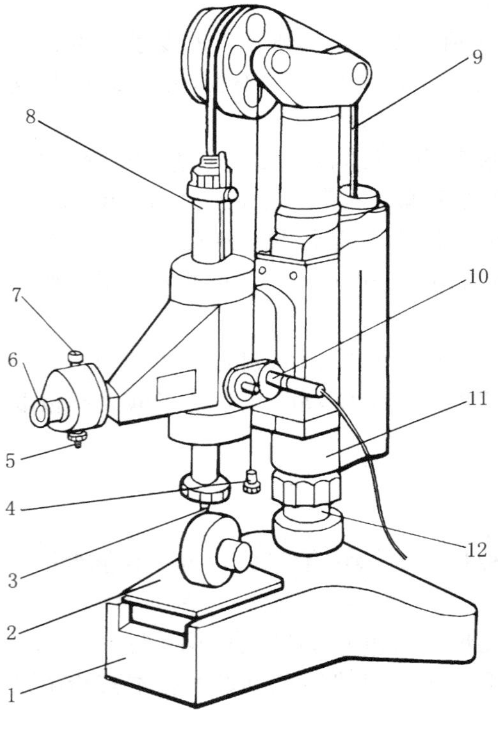

螺旋读数装置的结构简图见图 2-2。螺旋读数装置有三个刻线尺:安装在测量主轴(图2-1中的件8)上的毫米刻线尺 2;固定分划板 4 上的 0.1 mm 刻线尺;可旋转分划板 1 上的圆周刻线尺 3。

物镜 6 将示值范围为 0～100 mm 的毫米刻线尺 2 放大成像在固定分划板 4 上。在此分划板上有标记为 0、1、2、…、10 共 11 条等距刻线,其总宽度就等于毫米刻线尺上相距 1 mm 的相邻两条刻线放大成像后的距离。因此,固定分划板 4 的分度值为 0.1 mm,示值范围为0～1 mm。紧靠其上有一块可旋转分划板 1,转动手轮(图 2-1 中件 5)可使这分划板绕本身中心回转。在这分划板的中部刻有 100 格等分的圆周刻度,外围刻有 11 圈阿基米德螺旋双线,螺旋线的极点与这分划板的中心重合,螺旋线的螺距等于固定分划板 4 的刻度间距 0.1 mm。

可旋转分划板 1 每旋转一圈,螺旋双线沿径向相对于固定分划板 4 移动一格,即移动0.1 mm。可旋转分划板 1 每旋转一格圆周刻度,螺旋双线只移动了 1/100 格,即移动了0.1 /100 = 0.001 mm。因此,圆周刻线尺的分度值为 0.001 mm。

图 2-1 立式测长仪

1—底座;2—工作台;3—测头;4—拉锤;5—手轮;6—目镜;7—调整螺钉;8—测量主轴;9—钢带;10—光源;11—支架;12—立柱

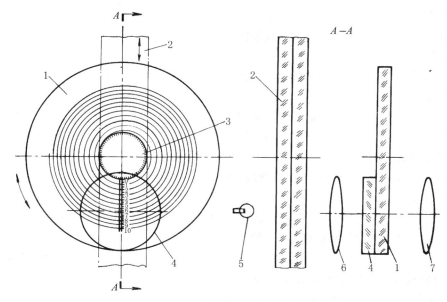

图 2-2　螺旋读数装置结构简图

1—可旋转分划板；2—毫米刻线尺；3—圆周刻线尺；4—固定分划板；5—光源；6—物镜；7—目镜

螺旋读数装置的读数方法如下：

测头与工作台接触时的目镜视场如图 2-3a 所示，其示值为零。固定分划板上的箭头指示线对准可旋转分划板圆周刻线的零刻线，固定分划板上的零刻线与毫米刻线尺的零刻线重合，且位于第一圈螺旋双线的中间。

测头与工件被测表面接触后的目镜视场如图 2-3b 所示。读数时，首先转动手轮（图 2-1中件 5）使可旋转分划板回转，直至某一圈螺旋双线对称地夹住视场中的毫米刻线（图 2-3c），然后分别从毫米刻线尺上读出毫米数（如 62 mm）；从固定分划板上读出零点几毫米数（如 0.5 mm）；从可旋转分划板的圆周刻度上读出微米数（如 56.4 μm，其中准确读数为 56 μm，估计读数为 0.4 μm）。因此，图中示值为 62 + 0.5 + 0.056 4 = 62.556 4 mm。

量仪的示值范围为 0~100 mm。

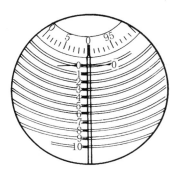
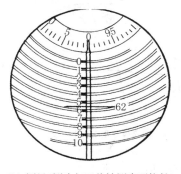
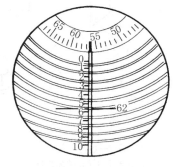

(a) 示值零位(测头与工作台接触)　　(b) 测量(测头与工件被测表面接触)　　(c) 读取示值(使可旋转分划板回转后)

图 2-3　螺旋读数装置的读数方法

2. 实验步骤(参看图 2-1)

(1) 通过变压器接通电源。选择合适的测头并把它安装在测量主轴 8 上。然后,转动目镜 6 的调节环来调节视度。

(2) 移动测量主轴 8,使测头 3 与工作台 2 接触。分别转动手轮 5 和螺钉 7,调整量仪示值零位,如图 2-3a 所示。

(3) 用拉锤 4 拉起测量主轴 8,将被测塞规放置于工作台 2 上,使测头 3 与该塞规的工作表面接触。然后,在测头下缓慢地前后移动被测塞规工作表面,找出毫米刻线尺的最大示值,并按前述方法(图 2-3b、c)读取实际被测尺寸的数值。

(4) 在塞规工作表面均布的三个横截面上,分别对相互垂直的两个直径位置进行测量,如图 1-5 所示。

(5) 确定被测塞规工作部分的实际尺寸,并按塞规图样或 GB/T 1957—2006《光滑极限量规　技术要求》,判断被测塞规的合格性。

三、用卧式测长仪测量光滑极限卡规

1. 量仪说明和测量原理

卧式测长仪因其功能较多,又称为万能测长仪,图 2-4 为 JD18 型示值投影显示的卧式测长仪的外形图。量仪主要由底座 1、测座 4、工作台 11 和尾座 13 等组成,另备有多种附件。

量仪工作台可做五种运动:升降、横向移动、纵向自由移动、绕垂直轴和水平轴转动。

影屏 8 上能够显示安装在测量主轴 6 上的毫米刻线尺(示值范围为 0～100 mm)的影像、0.1 mm 双纹刻线(示值范围为 0～1 mm)和微米分划板(示值范围为 0～0.1 mm)的影像。

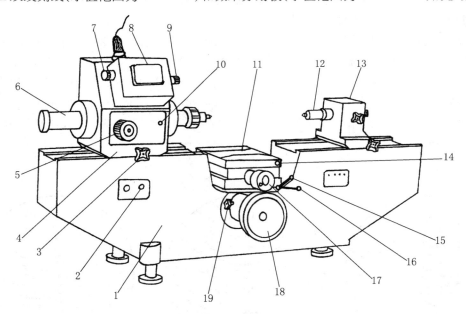

图 2-4　卧式测长仪

1—底座;2—电源开关;3—测座固定螺钉;4—测座;5—主轴微动手轮;6—测量主轴;7—微米分划板调节旋钮;8—影屏(屏动测微器);9—测微旋钮;10—测量主轴的固定螺钉;11—工作台;12—尾管;13—尾座;14—工作台绕垂直轴转动手柄;15—固定手柄;16—工作台绕水平轴转动手柄;17—工作台横向移动测微手轮;18—工作台升降手轮;19—固定螺钉

测座 4 内装有测量主轴 6、投影读数光学系统和屏动测微器 8。安装在测量主轴 6 上的毫米刻线尺(刻度间距为 1 mm)经过 50 倍的透镜组放大后成像在影屏的下半部。

在影屏的下半部刻有 11 对等距的双纹刻线(图 2-5),刻度间距为 5 mm,这 10 个刻度间距的长度等于将毫米刻线尺上的 1 mm 放大后的长度(50 mm),因此双纹刻线尺上每个刻度间距代表毫米刻线尺的 0.1 mm。

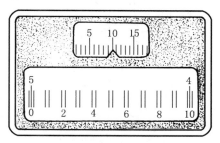

图 2-5　屏动测微器

安装在屏动测微器 8 中的微米分划板固定不动,经 30 倍透镜组放大后成像在影屏的上半部。屏动测微器与 30 倍透镜组是刚性连接在一起的,旋转测微旋钮 9 可使它们同步移动。当屏动测微器移动 5 mm(即 0.1 mm 双纹刻线尺的一个刻度间距)时,30 倍透镜组也沿着微米分划板方向移动 5 mm。在微米分划板 5 mm 范围内刻有 101 条等距的刻线,将 0.1 mm 分成 100 等份,故微米分划板的分度值为 0.001 mm。

读数方法如下:参看图 2-6a,测量时在影屏的下半部显示出毫米刻线尺上的某一条毫米刻线(例如 75 mm 刻线)的影像,转动测微旋钮(图 2-4 中的件 9)使屏动测微器移动,在微米分划板示值范围内,使与该毫米刻线左边或右边相邻的某一对双纹刻线(例如 0.3 mm 双纹刻线),将该毫米刻线对称地夹在其中间,然后进行读数。图 2-6b 所示影屏视场的读数为

$$75 + 0.3 + 0.021 = 75.321 \text{ mm}$$

量仪的示值范围为 0～100 mm。

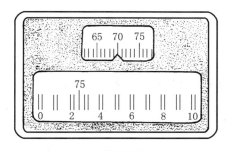
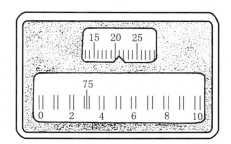

(a) 测量工件　　　　　　　　　　　　(b) 读取被测长度的示值

图 2-6　屏动测微器读数方法

2. 实验步骤

用卧式测长仪测量大于 $\phi 10$ mm 的内尺寸时,只能采用相对(比较)测量法。其原理如图 2-7 所示,首先测量并读取标准环规孔径实际尺寸的示值 a_1,然后换上工件,测量并读取被测孔实际尺寸的示值 a_2,根据已知的标准环规孔径的实际尺寸 D,即可计算出被测孔的实际尺寸 D_a。

当被测孔径大于标准环规内孔直径 D 时(图 2-7a):

$$D_a = D + (a_2 - a_1) \tag{2-1}$$

当被测孔径小于标准环规内孔直径 D 时(图 2-7b):

$$D_a = D - (a_1 - a_2) \tag{2-2}$$

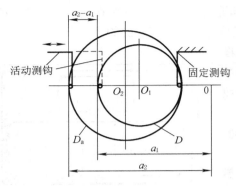
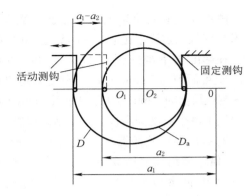

（a）被测孔径大于标准环规内孔直径　　　　　　　（b）被测孔径小于标准环规内孔直径

图 2-7　卧式测长仪测量孔径示意图

O_1—标准环规内孔中心；O_2—被测孔中心

实验步骤如下（参看图 2-4）：

（1）接通电源，打开量仪上的电源开关 2。根据被测尺寸的大小选择一对合适的内测钩，将它们分别安装在测量主轴 6 和尾管 12 上，使两测钩的楔、槽对齐后，锁紧固定螺钉。

（2）松开固定螺钉 19，转动手轮 18，使工作台降至较低位置。将标准环规放在工作台 11 上，用压板压紧（注意：应使标准环规上的刻线与测量轴线方向一致）。也可将量块组装在量块夹子中构成标准内尺寸卡规，如图 3-2a 所示。

（3）根据标准环规孔径的大小，调整测座 4 与尾座 13 的相对位置。然后使工作台 11 上升，直到测钩进入标准环规的孔中。

（4）扶住测量主轴 6 的尾部，松开固定螺钉 10，让主轴在重锤的作用下缓慢向左移动，使两个测钩与环规孔壁轻轻接触。

（5）转动测微手轮 17，使工作台 11 做横向移动，同时注意观察影屏，直至找到最大值（即毫米刻线移动的转折点）为止（图 2-8a）。松开固定手柄 15，用手柄 16 使工作台 11 绕水平轴转动，直至找到最小值（即毫米刻线移动的转折点）为止（图 2-8b）。

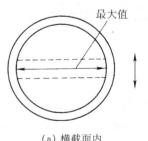
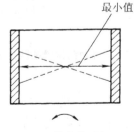
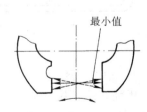

（a）横截面内　　　　　　　（b）轴向截面内　　　　　　　（c）绕垂直轴转动

图 2-8　工作台的调整

（6）若使用量块组成的标准内尺寸卡规，当两个测钩分别与该卡规的两个内平面接触后，则需扳动手柄 14 使工作台 11 绕垂直轴转动（图 2-8c），以及转动手柄 16 使工作台 11 绕水平轴转动，以便在水平面和垂直面内都找到最小值。

（7）按照前述方法（图 2-6）读取标准环规孔径实际尺寸的示值 a_1。

（8）推动测量主轴 6 向右移动，使测钩与环规孔壁脱离接触，然后拧紧螺钉 10。使工作台 11 下降,取出标准环规,安装被测卡规(注意:尾管测钩是定位基准,不得移动)。

(9) 使工作台 11 上升到合适高度后,按步骤(4)使测钩与被测卡规工作表面接触;按步骤(6)找正测量部位,并读取相应的示值 a_2。

(10) 在被测卡规工作表面上测量四个角点及中点共五个部位,按式(2-1)或式(2-2)计算出被测卡规工作部分的实际尺寸。

(11) 按卡规图样或 GB/T 1957—2006《光滑极限量规 技术要求》,判断被测卡规的合格性。

四、思考题

1. 用测长仪测量外尺寸和内尺寸分别属于何种测量方法,其特点是什么?

2. 卧式测长仪工作台共有几种运动方式,它们的作用是什么?测量时为什么要对工作台的位置进行调整?

实验三 用内径指示表测量孔径

一、实验目的

1. 掌握用内径指示表进行比较测量的原理。

2. 了解内径指示表的结构并熟悉其使用方法。

二、量仪说明和测量原理

内径指示表是测量孔径的量仪,尤其适合于测量深孔的直径。量仪由指示表和装有杠杆系统的测量装置组成,其结构如图 3-1 所示,通常使用分度值为 0.01 mm 的百分表。测量时,手握隔热手柄 5,使活动测头 3 和固定测头 1 分别与被测孔的孔壁接触。活动测头 3 向表座体内移动,其位移经等臂直角杠杆 2,推动挺杆 4 向上移动,使弹簧 8 压缩,并推动指示表 9 的测杆,使指示表 9 的指针回转。弹簧 8 的反作用力使活动测头 3 从表座向外伸,对孔壁产生测量力。在活动测头 3 上套着定心板 6,它在两只弹簧 7 的作用下始终对称地与孔壁接触。定心板 6 与孔壁的两个接触点的连线与被测孔的直径线互相垂直,使测头 1 和 3 位于该孔的直径方向上。量仪附有一组长短不同的固定测头,可根据被测孔直径的大小来选择使用。

用内径指示表测量孔径,是采用相对

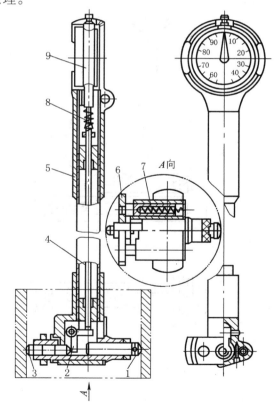

图 3-1 内径百分表的结构

1—固定测头;2—等臂直角杠杆;3—活动测头;4—挺杆;
5—隔热手柄;6—定心板;7—弹簧(两只);8—弹簧;
9—指示表(百分表)

(比较)测量的方法进行的。可用具有确定内尺寸 l 的标准环规或用装在量块夹子中的量块组所组成的确定内尺寸 l，来调整内径指示表的示值零位。然后用它测量被测孔径，此时指示表的示值即为实际被测孔径对确定内尺寸 l 的偏差 δ，因此实际被测孔径 $D = l + \delta$。

三、实验步骤(参看图 3-2)

(1) 根据被测孔的公称尺寸或一个极限尺寸 l 选取几块量块，并把它们研合成量块组。将量块组 3 和两个量爪 4 一起装入量块夹子 2 中夹紧，以构成具有标准内尺寸的卡规(或使用具有确定内尺寸的标准环规)。

(2) 根据被测孔的公称尺寸选择合适的固定测头 5，并把它拧入内径指示表上相应的螺孔中，然后拧紧螺母 6。

(3) 用量块夹子(或标准环规)调整指示表示值零位。将内径指示表的测头 5 和 7 小

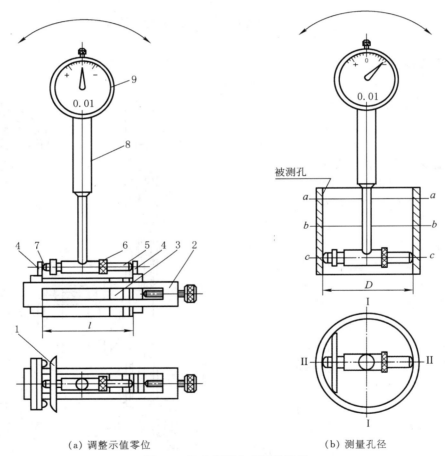

(a) 调整示值零位　　　　　　　　(b) 测量孔径

图 3-2　用内径百分表测量孔径

1—定心板；2—量块夹子；3—量块组；4—量爪；5—固定测头；6—固定
测头锁紧螺母；7—活动测头；8—隔热手柄；9—指示表(百分表)

心地放入量块夹子 2 中的两个量爪 4 之间(要先放入活动测头 7，并压紧定心板 1，然后放入固定测头 5)。手握隔热手柄 8，按图 3-2a 所示的箭头方向摆动量仪。当指示表指针回

转到转折点(最小示值)时,这表示两个测头的轴线与量块夹子的量爪表面垂直。然后,转动指示表的表盘(分度盘),把表盘的零刻线对准长指针。如此反复多次,直到指针稳定地在零刻线处转折为止。

(4) 测量孔径。将内径指示表的两个测头按照前述方法放入被测孔中。手握隔热手柄 8,按图 3-2b 所示的箭头方向摆动量仪。记下指示表的指针回转到转折点时的示值。该示值就是实际被测孔径 D 对量块组尺寸 l(或标准环规的内尺寸)的实际偏差 δ(注意正、负号)。被测孔径实际尺寸 D 的数值为量块组尺寸 l(或标准环规的内尺寸)与该示值 δ 的代数和。

在被测孔中均布的三个横截面 aa、bb、cc 上,对相互垂直的两个方向ⅠⅠ、ⅡⅡ上的孔径分别进行测量。

(5) 根据零件图上标注的被测孔极限尺寸或极限偏差,判断被测孔径的合格性。

四、思考题

1. 用内径指示表测量孔径属于何种测量方法?

2. 调整内径指示表示值零位和用它测量孔径时,为什么都要摆动它,找出指针所指示的最小示值?

3. 如果内径指示表的测头 5 或 7(图 3-2a)磨损了,用它们调整指示表示值零位对孔径测量结果是否有影响?

第三章　表面粗糙度轮廓幅度参数测量

实验四　用光切显微镜测量表面粗糙度轮廓的最大高度

一、实验目的

1. 了解用比较检验法检测表面粗糙度轮廓。
2. 了解用光切法测量表面粗糙度轮廓幅度参数最大高度 Rz 的原理。
3. 了解光切显微镜的结构并熟悉它的使用方法。
4. 加深对表面粗糙度轮廓最大高度 Rz 的理解。

二、轮廓的最大高度 Rz 及其合格条件

表面粗糙度轮廓幅度参数最大高度 Rz 是指在一个取样长度范围内,被评定轮廓上各个高极点至中线的距离 Zp_i 中的最大轮廓峰高 Rp 与各个低极点至中线的距离 Zv_i 中的最大轮廓谷深 Rv 之和的高度,如图 4-1 所示,即 $Rz = Rp + Rv$。

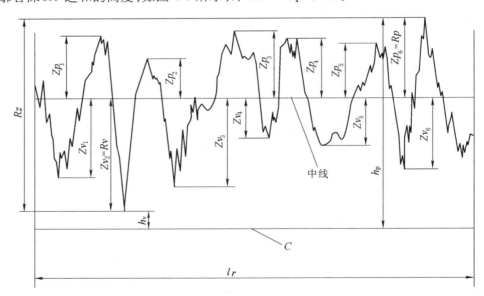

图 4-1　取样长度范围内轮廓的最高点和最低点分别至测量基准线的距离

C—测量基准线;h_p—轮廓最高点至 C 的距离;h_v—轮廓最低点至 C 的距离;Rp—最大轮廓峰高;
Rv—最大轮廓谷深;lr—取样长度;图中高极点 6 个,低极点 6 个

按GB/T 10610—2009《产品几何技术规范(GPS)　表面结构　轮廓法　评定表面结构的规则和方法》的规定,测量表面粗糙度轮廓算术平均偏差 Ra 或最大高度 Rz 时的标准取样长度和标准评定长度见表 4-1。

表 4-1　测量 Ra 或 Rz 时的标准取样长度 lr 和标准评定长度 ln

轮廓的算术平均偏差 Ra（μm）	轮廓的最大高度 Rz（μm）	标准取样长度 lr（mm）	标准评定长度 ln(mm)（等于连续的 5 个取样长度）
≥0.008～0.02	≥0.025～0.01	0.08	0.4
>0.02～0.1	>0.1～0.5	0.25	1.25
>0.1～2	>0.5～10	0.8	4
>2～10	>10～50	2.5	12.5
>10～80	>50～320	8	40

GB/T 10610—2009 还规定,根据图样上标注的 Ra 或 Rz 允许值(上限值、下限值或最大值)评定测量结果时,标注上限值、下限值时的合格条件是 16% 规则:同一评定长度范围内 Ra 或 Rz 所有的实测值中,大于上限值的个数不超过实测值总数的 16%,小于下限值的个数不超过实测值总数的 16%。标注最大值时的合格条件是最大规则:整个被测表面上 Ra 或 Rz 所有的实测值皆不大于上限值。Ra 值与 Rz 值的对照关系见表 4-2。

三、比较检验法

比较检验法是指将实际被测表面与已知 Ra 值的粗糙度比较样块(图 4-2)进行视觉和触觉比较的方法。所选用的样块与被测零件的形状(平面、圆柱面)和加工方法(车、铣、刨、磨)必须分别相同,并且样块的材料、表面色泽等应尽可能与被测零件一致。检测时,按实际被测表面加工痕迹的深浅与所选用的样块进行对比。这种检测方法简单易行,但测量精度不高。

表 4-2　Ra 与 Rz 数值对照(摘自 GB/Z 18620.4—2008)

轮廓的算术平均偏差 Ra(μm)	轮廓的最大高度 Rz(μm)	相当的表面光洁度
>40～80	—	▽1
>20～40	—	▽2
>10～20	>63～125	▽3
>5～10	>32～63	▽4
>2.5～5	>16(20)～32	▽5
>1.25～2.5	>8～16(20)	▽6
>0.63～1.25	>4～8	▽7
>0.32～0.63	>2(2.5)～4	▽8
>0.16～0.32	>1～2(>1.5～2.5)	▽9
>0.08～0.16	>0.5～1(1.5)	▽10
>0.04～0.08	>0.25～0.5	▽11
>0.02～0.04	—	▽12
>0.01～0.02	—	▽13
>0.008～0.01	—	▽14

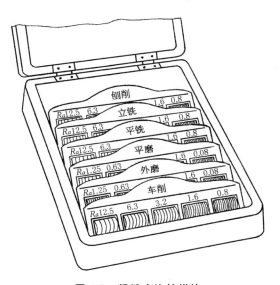

图 4-2　粗糙度比较样块

注:括号中的数值为作者测试验证所得的不同数值,供参考。

两者对比时,可用肉眼判断;可借助放大镜或比较显微镜判断;也可用手指甲感触来判断(用手指甲分别在实际被测表面上和在粗糙度比较样块的表面上沿垂直于加工纹理的方向划一下)。

用表面粗糙度轮廓测量仪测量幅度参数算术平均偏差 Ra 值或最大高度 Rz 值时,被测表面应该先用粗糙度比较样块评估一下,这有助于测量时顺利调整量仪。

四、光切法的测量原理和量仪说明

光切法是指利用光线切开被测表面的原理(光切原理)测量表面粗糙度轮廓的方法。它属于非接触测量的方法。采用光切原理制成的表面粗糙度轮廓测量仪称为光切显微镜(双管显微镜)。

光切显微镜适宜于测量轮廓最大高度 Rz 值为 $1.6 \sim 63\ \mu m$ 的平面和外圆柱面。

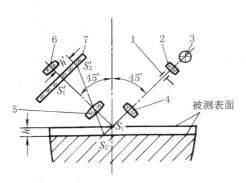

图 4-3　光切原理图

1—狭缝；2—聚光镜；3—光源；4、5—物镜；
6—目镜；7—分划板

参看图 4-3,光切显微镜具有两个轴线相互垂直的光管,左光管为观察管,右光管为照明管。在照明管中,由光源 3 发出的光经过聚光镜 2,穿过狭缝 1 形成平行光束,该光束再经物镜 4,以与两光管轴线夹角平分线成 45°的入射角投射到被测表面上,把表面轮廓切成窄长的光带。由于被测表面上微观的粗糙度轮廓的起伏不平,因此光带的形状是弯曲的。该轮廓峰尖与谷底之间的高度为 h,而光切平面内光带的弯曲高度为 S_1S_2。该光带以与两光管轴线夹角平分线成 45°的反射角反射到观察管内,经观察管中的物镜 5 放大,成像在分划板 7 上,由目镜 6(也具有放大作用)观察放大了的光带影像。放大了的光带影像的弯曲高度为 $S_1'S_2'$。

由图 4-3 所示的几何关系可知,光带的弯曲高度 $S_1S_2 = h/\cos 45°$,而在目镜中观察到的放大了的光带影像的弯曲高度 $S_1'S_2' = h'$,则

$$h' = K \cdot h/\cos 45° \tag{4-1}$$

式中　K——观察管的放大倍数。

光带影像的弯曲高度用测微目镜头测量。其结构简图见图 4-4a,下层的固定分划板 3 上的刻线尺刻有九条等距刻线,分别标着 0、1、2、3、4、5、6、7、8 等九个数字;上层的活动分划板 2 上刻有一对双纹刻线和互相垂直的十字线,前者的中心线通过后者的交点,且该中心线与后者的任一条直线间成 45°角。当转动测微鼓轮 1 利用螺杆移动分划板 2 时,位移的大小从鼓轮 1 上读出。当鼓轮 1 旋转一转(100 格)时,双纹刻线和十字线交点便相对于

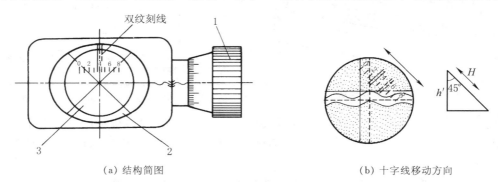

(a) 结构简图　　　　　　　　　　　　　(b) 十字线移动方向

图 4-4　测微目镜头

1—测微鼓轮；2—活动分划板；3—固定分划板

固定分划板 3 上的刻线尺移动一个刻度间距。为了测量和计算的方便,活动分划板 2 上的十字线与其移动方向成 45°角,如图 4-4b 所示。鼓轮 1 转动的格数 H 与光带影像的弯曲高度 h' 之间的关系为

$$h' = H\cos 45° \tag{4-2}$$

由式(4-1)和式(4-2)得到被测表面轮廓的高度 h 与鼓轮 1 读数格数 H 之间的关系如下:

$$h = H\cos^2 45°/K = \frac{H}{2K} = i \cdot H \tag{4-3}$$

式中 $i = 1/2K$,它是使用不同放大倍数的物镜时鼓轮 1 的分度值。它由量仪说明书给定或从表 4-3 查出。实际应用时通常用量仪附带的标准刻线尺来校定,本实验所用的量仪业已校定好。

表 4-3　物镜放大倍数与可测 Rz 值的关系

物镜放大倍数	分度值 $i(\mu m/$格$)$	目镜视场直径(mm)	可 测 范 围
			$Rz(\mu m)$
7	1.28	2.5	32～125
14	0.63	1.3	8～32
30	0.29	0.6	2～8
60	0.16	0.3	1～2

五、表面粗糙度轮廓的最大高度 **Rz** 的测量

1. 实验步骤(参看图 4-5)

(1)按粗糙度比较样块评估的被测表面粗糙度轮廓幅度参数 Ra 值,对照表 4-2 和表 4-1,来确定取样长度 lr 和评定长度 ln。按表 4-3 选择适当放大倍数的一对物镜并将它们分别安装在量仪照明管和观察管上。

(2)通过变压器接通电源,使光源 1 照亮。把被测工件放置在工作台 11 上。松开螺钉 3,旋转螺母 6,使横臂 5 沿立柱 2 下降(注意物镜头与被测表面之间必须留有微量的间隙),进行粗调焦,直至目镜视场中出现绿色光带为止。转动工作台 11,使光带与被测表面的加工痕迹垂直,然后锁紧螺钉 3 和螺钉 9。

(3)从目镜头 16 观察光带。旋转手轮 4 进行微调焦,使目镜视场中央出现最窄且有一边缘较清晰的光带。

(4)松开螺钉 17,转动目镜头 16,使视场中十字线中的水平线与光带总的方向平行,然后紧固螺钉 17,使目镜头 16 位置固定。

(5)转动目镜测微鼓轮 15,在取样长度 lr 范围内使十字线中的水平线分别与所有轮廓峰高中的最大轮廓峰高(轮廓各峰中的最高点)和所有轮廓谷深中的最

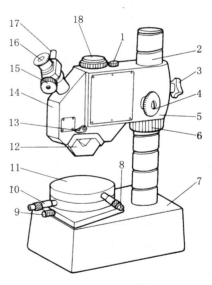

图 4-5　光切显微镜

1—光源;2—立柱;3—锁紧螺钉;4—微调手轮;5—横臂;6—升降螺母;7—底座;8—工作台纵向移动千分尺;9—工作台固定螺钉;10—工作台横向移动千分尺;11—工作台;12—物镜组;13—手柄;14—壳体;15—测微鼓轮;16—测微目镜头;17—紧固螺钉;18—照相机插座

大轮廓谷深(轮廓各谷中的最低点)相切(图 4-1)。

从目镜测微鼓轮 15 上分别测出轮廓上的最高点至测量基准线 C 的距离 h_p 和最低点至测量基准线 C 的距离 h_v。表面粗糙度轮廓的最大高度 Rz 按下列公式计算：

$$Rz = i \cdot (h_p - h_v) \qquad (\mu m) \qquad (4\text{-}4)$$

式中，h_p 和 h_v 的单位均为格；分度值 i 的数值由表 4-3 查出。

（6）按上述方法测出连续五段取样长度上的 Rz 值，若这五个 Rz 值都在图样上所规定的允许值范围内，则判定为合格。若其中有一个 Rz 值超差，按"最大规则"评定，则判定为不合格。按"16%规则"评定，则应再测量一段取样长度，若这一段的 Rz 值不超差，就判定为合格；如果这一段的 Rz 值仍超差，就判定为不合格。

2. 数据处理和计算示例

用光切显微镜测量一个表面的粗糙度轮廓最大高度 Rz。将被测表面与粗糙度比较样块进行对比后，评估前者 Ra 值为 1.25 μm，按表 4-2 代换成 Rz 值为 8 μm。按此评估结果，由表 4-3 选用放大倍数为 30 倍的一对物镜，相应的测微鼓轮分度值 i 为 0.29 μm/格；由表 4-1 确定取样长度 lr 为 0.8 mm。在连续五段取样长度上测量所得到的数据及相应的数据处理和测量结果列于表 4-4 中。

表 4-4　用光切显微镜测量表面粗糙度轮廓最大高度 Rz 值

	取样长度 lr_i	lr_1		lr_2		lr_3		lr_4		lr_5	
测量记录及计算	轮廓最高点和最低点至测量基准线的距离的代号	h_{p1}	h_{v1}	h_{p2}	h_{v2}	h_{p3}	h_{v3}	h_{p4}	h_{v4}	h_{p5}	h_{v5}
	轮廓最高点和最低点至测量基准线的距离的测量值(格)	88	41	87	52	89	56	87	54	90	55
	$Rz_1 = i \cdot (h_p - h_v) = 0.29 \times (88 - 41) = 13.63\ \mu m$										
	$Rz_2 = 0.29 \times (87 - 52) = 10.15\ \mu m$										
	$Rz_3 = 0.29 \times (89 - 56) = 9.57\ \mu m$										
	$Rz_4 = 0.29 \times (87 - 54) = 9.57\ \mu m$										
	$Rz_5 = 0.29 \times (90 - 55) = 10.15\ \mu m$										
测量结果	同一评定长度范围内所有的 Rz 实测值中，最大实测值为 13.63 μm，最小实测值为 9.57 μm										

六、思考题

1. 用光切显微镜测量表面粗糙度轮廓时，为什么光带的上、下边缘不能同时达到最清晰的程度？

2. 用光切显微镜能否测量表面粗糙度轮廓的算术平均偏差 Ra 值？

实验五　用触针式轮廓仪测量表面粗糙度轮廓的算术平均偏差

一、实验目的

1. 了解用比较检验法检测表面粗糙度轮廓。

2．了解用针描法测量表面粗糙度轮廓幅度参数算术平均偏差 *Ra* 的原理。

3．了解触针式轮廓仪的结构并熟悉它的使用方法。

4．加深对表面粗糙度轮廓幅度参数 *Ra* 的理解。

二、表面粗糙度轮廓的算术平均偏差 *Ra* 及其合格条件

表面粗糙度轮廓幅度参数算术平均偏差 *Ra* 是指在一个取样长度范围内,被评定轮廓上各点至中线的纵坐标值的绝对值的算术平均值。

测量表面粗糙度轮廓算术平均偏差 *Ra* 或最大高度 *Rz* 时的标准取样长度和标准评定长度见表 4-1。合格条件和用粗糙度比较样块进行比较检验分别见实验四第二节和第三节。

三、针描法的测量原理和量仪说明

针描法是指利用触针划过被测表面,把被测表面上微观的粗糙度轮廓放大描绘出来,经过计算处理装置,给出 *Ra* 值的方法。它属于接触测量的方法。采用针描法的原理制成的表面粗糙度轮廓测量仪称为触针式轮廓仪。

本实验采用 TR200 型触针式轮廓仪。这种量仪 *Ra* 值的测量范围为 $0.025 \sim 12.5 \ \mu m$。它适宜于测量平面、外圆柱面、内孔的表面粗糙度轮廓。

图 5-1 为 TR200 型触针式轮廓仪的测量原理图。测量工件表面粗糙度时,量仪传感器测杆上的金刚石触针的针尖与被测表面接触,量仪驱动器带动传感器沿被测表面做匀速直线运动,垂直于被测表面的触针随工件被测表面的微观峰谷起伏做上下运动。触针的上下运动使传感器电感线圈的电感量发生变化,转换为电信号,量仪 DSP 芯片采集该电信号进行放大、整流、滤波,经 A/D 转换为数字信号并进行数据处理。测量结果在量仪显示屏上读出,也可在打印机上输出。

安装在传感器上的导头用于保护触针,并使传感器移动方向与被测表面保持平行。

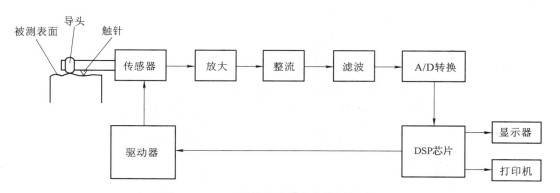

图 5-1　TR200 型触针式轮廓仪的测量原理图

TR200 型触针式轮廓仪通常安放在测量平台上使用,如图 5-2 所示。

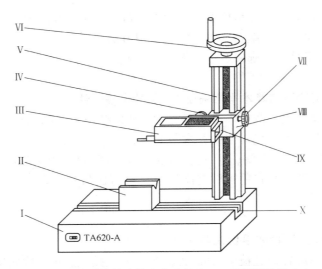

图 5-2 TR200 型触针式轮廓仪安放在 TA 系列测量平台上

Ⅰ—测量平台；Ⅱ—Ｖ形块；Ⅲ—触针式轮廓仪(简称量仪)；Ⅳ—量仪驱动器锁紧手轮；Ⅴ—立柱；Ⅵ—升降手轮；Ⅶ—锁紧滑架Ⅷ用的手轮；Ⅷ—固定量仪用的滑架；Ⅸ—驱动器连接板；Ⅹ—Ｔ字形导向槽

四、表面粗糙度轮廓算术平均偏差 *Ra* 的测量

TR200 型触针式轮廓仪由传感器、驱动器及量仪本体上的显示屏、操作面板、接口等组成,其结构如图 5-3 所示。该量仪可以手持进行表面粗糙度测量,也可以固定在测量平台上进行测量,因而能够方便地调整量仪与被测表面之间的相对位置。

该量仪所采用的表面粗糙度评定软件中有国际标准(ISO 标准),而国家标准 GB/T 3505—2009 和 ISO 标准中关于 *Ra* 的定义相同,前者与 ISO 4827:1997 中关于 *Rz* 的定义也相同。本实验采用 ISO 标准进行评定。

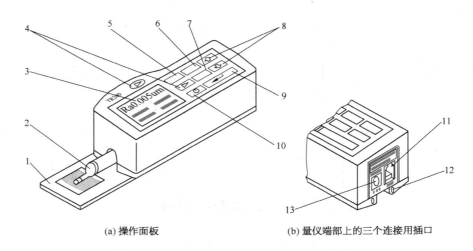

(a) 操作面板　　　　　　　　　　(b) 量仪端部上的三个连接用插口

图 5-3 TR200 型触针式轮廓仪及其操作面板

1—标准样板；2—传感器；3—操作面板上的显示屏；4—启动键；5—显示键；6—退出键；7—菜单键；8—滚动键；9—回车键；10—电源键；11—RS232 接口；12—附件安装口；13—电源插口

实验步骤如下(参看图 5-2 和图 5-3):

(一)安装量仪

1. 将传感器安装在量仪上

用手拿住传感器的主体,将它放入量仪Ⅲ底部的传感器连接套中,并轻推到底。

2. 将量仪安装在测量平台的立柱上

通过量仪上的附件安装口 12 将量仪Ⅲ与测量平台上的驱动器连接板Ⅸ连接,然后将量仪安装在立柱Ⅴ的滑架Ⅷ上。将量仪与打印机连接,就可以打印实际被测表面的粗糙度轮廓。

(二)设置

1. 设置测量条件

开机检查电池电压是否正常,按电源键 10 启动量仪Ⅲ,则显示屏 3 显示测量状态,如图 5-5 左下方的文字所示。测量状态根据图样上对被测表面规定的技术要求(如取样长度、评定长度、量程、滤波器、所采用的表面粗糙度评定标准等)进行测量条件设置:按菜单键 7 进入菜单操作状态,按滚动键 8 选取测量条件设置,然后按回车键 9 则进入测量条件设置状态。

例如设置技术要求中的取样长度,进入测量条件设置状态后,通过滚动键 8 选取取样长度,按回车键 9 选取所要求的取样长度值。然后,按滚动键 8,继续设置其他测量条件的项目。所有项目设置完成后,按退出键 6,回到菜单操作状态。

2. 校准示值

若量仪Ⅲ在本次测量前业已校准好,则在一段时间内不必重新校准。在使用正确的测量方法测试随机样板时,如果实际测量值与样板标定值的差值在样板标定值的±10%范围内,则正常使用。如果实际测量值超出样板标定值的±10%,则使用量仪的示值校准功能,它按照实际偏差对样板标定值的百分比进行校准。

在菜单操作状态,按滚动键 8 选取功能选择,按照上述方法选取示值校准功能,按回车键 9 进入示值校准功能状态,按滚动键 8 进行示值校准,以改变上述实际偏差百分比。

3. 其他设置

在菜单操作状态,按滚动键 8 依次进行:①系统设置:选择语言为"简体中文",选择单位为"米制",选择液晶背光"打开";②功能选择设置:连接打印机(打印测量参数,打印滤波后的轮廓图形,也可打印不滤波的轮廓),显示触针位置。

(三)安放被测工件

擦净工件被测表面。将工件安放在平台上或者 V 形块中。

轴向测量圆柱表面时,首先将 V 形块Ⅱ放置在平台Ⅰ的工作平面上,用 T 字形导向槽 X 定位,然后将工件安放在 V 形块中。V 形块的中心线与传感器触针应位于同一垂直平面内,测量圆柱表面的最高点母线。

被测表面为平面时,可根据需要,将工件安放在平台上,也可将工件安放在 V 形块的顶面上(该 V 形块的顶面与底面应平行),被测表面朝上,被测表面加工纹理应垂直于触针运动方向,如图 5-4 所示。

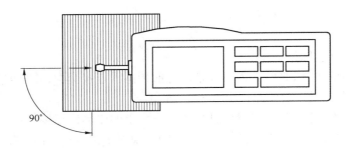

图 5-4 被测表面为平面时的测量方向

（四）调整传感器触针与被测表面的相对位置

按电源键 10 启动量仪Ⅲ。按回车键 9，显示屏 3 则显示触针位置。转动升降手轮Ⅵ使量仪沿立柱Ⅴ上下移动，以调整量仪上的传感器与被测表面的相对位置。当传感器的触针接近被测表面时，应放慢传感器的下降速度。参看图 5-5，传感器的触针接触被测表面后，从显示屏 3 仔细观察触针位置，当显示的触针箭头处于 0 刻线的附近时，则触针位置达到了最佳位置，这时按退出键 6 退出，回到菜单操作状态，即可进行测量。

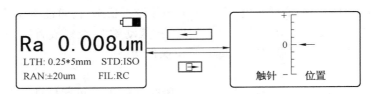

图 5-5 从显示屏观察触针最佳位置

图 5-5 左边的符号和数值的含义如下："LTH:0.25 * 5 mm"表示取样长度为 0.25 mm，评定长度为 5 个取样长度；"STD:ISO"表示所采用的粗糙度评定标准为 ISO 标准；"RAN:±20 μm"表示量程为±20 μm；"FIL:RC"表示滤波器为 RC 滤波器。

（五）测量

本实验使用标准传感器进行测量。测量方法如下：

（1）依次进行下列操作：启动量仪Ⅲ，设置测量条件，安放工件，调整传感器与被测表面之间的相对位置，做好测量前的准备工作。

（2）按启动键 4 开始测量，显示屏 3 依次显示如图 5-6 所示的画面，最后显示本次测量结果。

（3）第一次按显示键 5，将显示本次测量的全部参数值（其中包括 Ra 值和 Rz 值），按滚动键 8 翻页，继续查看其他数据。第二次按显示键 5，将显示本次测量的轮廓曲线。按退出键 6 则返回到初始测量状态。

也可以用量仪Ⅲ上的 RS232 接口将它与打印机或者 PC 机连接，打印和处理分析测量结果。

五、思考题

1. 试述表面粗糙度轮廓幅度参数 Ra 和 Rz 的含义。

2. 试说明针描法测量表面粗糙度轮廓幅度参数的原理和方法。

实验六　用干涉显微镜测量表面粗糙度轮廓的最大高度

一、实验目的

1. 了解用比较检验法检测表面粗糙度轮廓。

2. 了解用干涉显微法测量表面粗糙度轮廓幅度参数最大高度 Rz 的原理。

3. 了解干涉显微镜的结构并熟悉它的使用方法。

4. 加深对表面粗糙度轮廓最大高度 Rz 的理解。

二、表面粗糙度轮廓的最大高度 Rz 及其合格条件

表面粗糙度轮廓幅度参数最大高度 Rz 是指在一个取样长度范围内,被评定轮廓上各个高极点至中线的距离中的最大轮廓峰高与各个低极点至中线的距离中的最大轮廓谷深之和的高度,如图 4-1 所示。

测量表面粗糙度轮廓算术平均偏差 Ra 或最大高度 Rz 时的标准取样长度和标准评定长度见表 4-1。合格条件和用粗糙度比较样块进行比较检验分别见实验四第二节和第三节。

三、干涉显微法的测量原理和量仪说明

干涉显微法是指利用光波干涉原理和显微系统测量精密加工表面上微观的粗糙度轮廓的方法。它属于非接触测量的方法。采用干涉显微法的原理制成的表面粗糙度轮廓测量仪称为干涉显微镜,它用光波干涉原理反映出被测表面粗糙度轮廓的起伏大小,用显微系统进行高倍数放大后观察和测量。干涉显微镜适宜于测量轮廓最大高度 Rz 值为 $0.063 \sim 1.0\,\mu m$ 的平面、外圆柱面和球面。

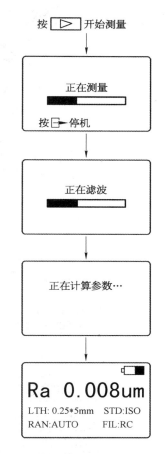

图 5-6　显示屏显示的测量过程

图 6-1 为 6JA 型干涉显微镜的光学系统图。由光源 1 发出的光束,经聚光镜 2、反射镜 3、孔径光阑 4、视场光阑 5 和物镜 6 投射到分光镜 7 上,并被分成两束光。其中一束光向前投射(此时遮光板 8 移去),经物镜 9 投射到标准镜 P_1,再反射回来。另一束光向上投射,经补偿镜 10 和物镜 11,投射向工件被测表面 P_2,再反射回来。两路返回的光束在目镜 15 的焦平面相遇叠加,由于它们有光程差,便产生干涉,形成干涉条纹。被测表面 P_2 上微观的粗糙度轮廓的起伏不平使干涉条纹弯曲(图 6-2),弯曲程度决定于粗糙度轮廓峰、谷的起伏大小。根据光波干涉原理,在光程差每相差半个波长 $\lambda/2$ 处即产生一个干涉条纹。因此,参看图 6-3,只要测出干涉条纹的弯曲量 a 与两条相邻干涉条纹之间的间距 b(它代表这两条干涉条纹相距 $\lambda/2$),便可按下式计算出粗糙度轮廓峰尖与谷底之间的高度 h:

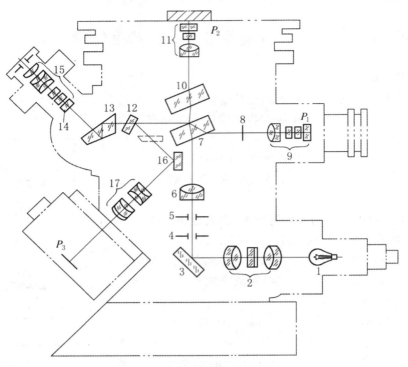

图 6-1　6JA 型干涉显微镜的光学系统图

1—光源；2—聚光镜；3、12、16—反射镜；4—孔径光阑；5—视场光阑；6、9、11—物镜；
7—分光镜；8—遮光板；10—补偿镜；13—转向镜；14—分划板；15—目镜；17—相机物镜；
P_1—标准镜；P_2—工件被测表面；P_3—照相底片

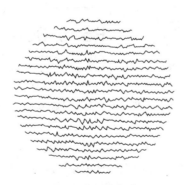

图 6-2　干涉条纹

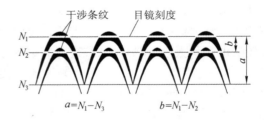

图 6-3　测量干涉条纹的弯曲量 a 和间距 b

$$h = \frac{a}{b} \cdot \frac{\lambda}{2} \qquad (\mu m) \qquad\qquad (6-1)$$

式中　λ——光波波长（μm）。

四、轮廓的最大高度 Rz 的测量

（一）实验步骤（参看图 6-4）

1. 调整量仪

（1）按粗糙度比较样块评估的被测表面粗糙度轮廓幅度参数 Ra 值,对照表 4-2 和表 4-1,来确定取样长度 lr 和评定长度 ln。

（2）通过变压器接通电源,使光源 7 照亮,预热 15～30 min。

（3）调节光路。将手轮 3 转到目视位置,同时转动手柄 16 使遮光板(图 6-1 中的件 8)移出光路,此时从目镜 1 中可看到明亮的视场。若视场亮度不匀,可转动螺钉 6 来调节。

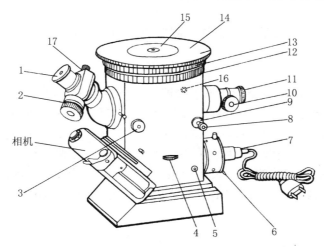

图 6-4　6JA 型干涉显微镜外形图

1—目镜；2—目镜测微鼓轮；3—手轮；4—光阑调节手轮；5—手柄；6—螺钉；7—光源；8、9、10、11—手轮；
12、13、14—滚花轮；15—工作台；16—遮光板调节手柄(显微镜背面)；17—螺钉

转动手轮 10,使目镜视场下部的弓形直边清晰(图 6-5)。松开螺钉 17,取下目镜 1。从目镜管直接观察到两个灯丝像。转动手轮 4,使孔径光阑(图 6-1 中的件 4)开至最大。转动手轮 8 和手轮 9,使两个灯丝像完全重合,同时旋转螺钉 6,使灯丝像位于孔径光阑的中央(图 6-6)。然后,装上目镜 1,旋紧螺钉 17。

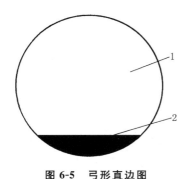

图 6-5　弓形直边图

1—视场；2—弓形直边

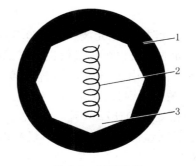

图 6-6　灯丝像图

1—物镜出射瞳孔；2—灯丝像；3—孔径光阑

（4）安放被测工件。将工件放在工作台 15 上,被测表面向下对准物镜。转动手柄 16,使遮光板进入光路,遮住标准镜(图 6-1 中的件 P_1)。推动滚花轮 14,使工作台在任意方向

移动。转动滚花轮 12,使工作台升降(此时为调焦),直至目镜视场中观察到清晰的被测表面粗糙度轮廓影像为止。再转动手柄 16,使遮光板移出光路。

2. 找干涉带

将手柄 5 向左推到底,此时采用单色光。慢慢地来回转动手轮 11,直至视场中出现清晰的干涉条纹为止。将手柄 5 向右拉到底,就可以采用白光,得到彩色干涉条纹。转动手轮 8 和手轮 9,并配合转动手轮 10 和手轮 11,可以得到所需亮度和宽度的干涉条纹。

进行精密测量时,应该采用单色光。同时应开灯半小时,待量仪温度恒定后才进行测量。

3. 测量

(1) 转动滚花轮 13,使被测表面加工纹理方向与干涉条纹方向垂直。松开螺钉 17,转动目镜 1,使视场内十字线中的一条直线与干涉条纹平行,然后把目镜 1 固紧。

(2) 测量干涉条纹间距 b。转动测微鼓轮 2,使视场内与干涉条纹方向平行的十字线中那条水平线对准某条干涉条纹峰顶的中心线(图 6-3),在测微鼓轮 2 上读出示值 N_1。然后,将该水平线对准相邻的另一条干涉条纹峰顶的中心线,读出示值 N_2,则 $b = N_1 - N_2$。为了提高测量精度,应分别在不同部位测量三次,得 b_1、b_2、b_3,取它们的平均值 b_{av},则

$$b_{av} = \frac{b_1 + b_2 + b_3}{3} \tag{6-2}$$

(3) 测量干涉条纹最高峰尖与最低谷底之间的距离 a_{max}。读出 N_1 后,移动视场内十字线中的水平线,对准同一条干涉条纹谷底的中心线,读出示值 N_3。$(N_1 - N_3)$ 即为干涉条纹弯曲量 a。

在一个取样长度范围内,找出同一条干涉条纹所有的峰中最高的那个峰尖和所有的谷中最低的那个谷底,分别测量并读出它们对应的示值 N_1 和 N_3,两者的差值即为 a_{max}。被测表面粗糙度轮廓的 Rz 值按下式计算:

$$Rz = \frac{a_{max}}{b_{av}} \cdot \frac{\lambda}{2} \qquad (\mu m) \tag{6-3}$$

采用单色光时,白色光波长 $\lambda = 0.55\ \mu m$,绿色光波长 $\lambda = 0.509\ \mu m$,红色光波长 $\lambda = 0.644\ \mu m$。光的波长也可按量仪说明书记载的数值取值。

按上述方法测出连续五段取样长度上的 Rz 值,然后按 GB/T 10610—2009 的规定 (16% 规则或最大规则)来评定测量结果。

(二)数据处理和计算示例

用干涉显微镜测量一个表面的粗糙度轮廓最大高度 Rz。将被测表面与粗糙度比较样块进行对比后,评估前者 Ra 值为 $0.08\ \mu m$,按表 4-2 代换成 Rz 值为 $0.5\ \mu m$。按此评估结果,由表 4-1 确定取样长度 lr 为 $0.25\ mm$。采用单色白光进行测量,其波长 λ 为 $0.55\ \mu m$。在连续五段取样长度上测量所得到的数据及相应的数据处理和测量结果列于表 6-1 中。

表 6-1 用干涉显微镜测量表面粗糙度轮廓的最大高度 Rz 值

	取样长度 $lr = 0.25$ mm	最高峰尖与最低谷底之间的距离 a_{max}（测微鼓轮读数，格）		相邻两条干涉条纹之间的间距 b_{av}（测微鼓轮读数，格）	轮廓的最大高度 Rz（μm）
		N_1	N_3		
测量记录及计算	lr_1	74	29	$b_1 = N_1 - N_2 = 58 - 25 = 33$ $b_2 = N_1 - N_2 = 71 - 42 = 29$ $b_3 = N_1 - N_2 = 100 - 67 = 33$ $b_{av1} = (b_1 + b_2 + b_3)/3 = 31.67$	$Rz = \dfrac{74 - 29}{31.67} \cdot \dfrac{0.55}{2}$ $= 0.391$
	lr_2	87	35	$b_1 = N_1 - N_2 = 60 - 30 = 30$ $b_2 = N_1 - N_2 = 89 - 47 = 42$ $b_3 = N_1 - N_2 = 98 - 53 = 45$ $b_{av2} = (b_1 + b_2 + b_3)/3 = 39$	$Rz = \dfrac{87 - 35}{39} \cdot \dfrac{0.55}{2}$ $= 0.367$
	lr_3	72	25	$b_1 = N_1 - N_2 = 76 - 41 = 35$ $b_2 = N_1 - N_2 = 82 - 39 = 43$ $b_3 = N_1 - N_2 = 96 - 71 = 25$ $b_{av3} = (b_1 + b_2 + b_3)/3 = 34.333$	$Rz = \dfrac{72 - 25}{34.333} \cdot \dfrac{0.55}{2}$ $= 0.376$
	lr_4	79	33	$b_1 = N_1 - N_2 = 79 - 43 = 36$ $b_2 = N_1 - N_2 = 78 - 47 = 31$ $b_3 = N_1 - N_2 = 101 - 72 = 29$ $b_{av4} = (b_1 + b_2 + b_3)/3 = 32$	$Rz = \dfrac{79 - 33}{32} \cdot \dfrac{0.55}{2}$ $= 0.391$
	lr_5	84	36	$b_1 = N_1 - N_2 = 57 - 22 = 35$ $b_2 = N_1 - N_2 = 73 - 39 = 34$ $b_3 = N_1 - N_2 = 99 - 65 = 34$ $b_{av5} = (b_1 + b_2 + b_3)/3 = 34.333$	$Rz = \dfrac{84 - 36}{34.333} \cdot \dfrac{0.55}{2}$ $= 0.384$
测量结果	同一评定长度范围内所有的 Rz 实测值中，最大实测值为 0.391 μm，最小实测值为 0.367 μm				

五、思考题

1. 用光波干涉原理测量表面粗糙度轮廓，就是以光波为尺子(标准量)来测量被测表面上微观的峰、谷之间的高度，此说法是否正确？

2. 用干涉显微镜测量表面粗糙度轮廓最大高度 Rz 值时，分度值如何体现？

第四章　几何误差测量

实验七　直线度误差测量

一、实验目的

1. 了解指示表、合像水平仪或自准直仪的结构并熟悉使用它测量直线度误差的方法。
2. 掌握给定平面内直线度误差值的评定方法。
3. 掌握按两端点连线和最小包容区域(最小条件)作图求解直线度误差值的方法。

二、直线度误差值的评定方法

给定平面内的直线度误差值应按最小包容区域评定,也允许按实际被测直线两端点连线或其他方法来评定。处理同样的测量数据,按最小包容区域确定的误差值一定小于,至多等于用其他评定方法确定的误差值。因此,按最小包容区域评定误差值可以获得最佳的技术经济效益。

测量数据可以用指示表测量实际被测直线上均匀布置的各测点相对于平板(测量基准)的高度差来获得,也可以用水平仪或自准直仪对实际被测直线均匀布点测量,测量相邻两测点之间的高度差来获得。

获得各个测点的测量数据后,用作图或其他的方法求解直线度误差值。

1. 按最小包容区域评定直线度误差值

参看图 7-1,由两条平行直线包容实际被测直线(轮廓线)S 时,若 S 上的测点中至少有高-低-高相间(或者低-高-低相间)三个极点分别与这两条平行直线接触,则这两条平行直线之间的区域 U 称为最小包容区域,该区域的宽度 f_{MZ} 即为符合定义的直线度误差值。这两条平行的包容直线中那条位于实际被测直线体外的包容直线是评定基准。

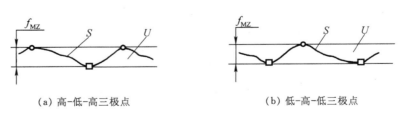

(a) 高-低-高三极点　　　　　　　　　(b) 低-高-低三极点

图 7-1　直线度误差最小包容区域判别准则

○—高极点；□—低极点

2. 按两端点连线评定直线度误差值

参看图 7-2,两端点连线是指实际被测直线的首、末两点 B 和 E 的连线 l_{BE},以它作为评定基准,取各测点相对于它的偏离值中最大偏离值 h_{max} 与最小偏离值 h_{min} 之差 f_{BE} 作为直线

度误差值。测点在它的上方,偏离值取正值;测点在它的下方,偏离值取负值。即

$$f_{BE} = h_{max} - h_{min} \tag{7-1}$$

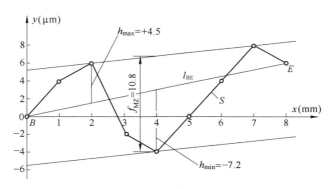

图 7-2　误差折线和直线度误差值的评定

三、作图处理测量数据的方法

1. 按两端点连线图解直线度误差值

参看图 7-2,在坐标纸(方格线)上用横坐标 x 表示测量长度(mm,测点序号),用纵坐标 y 表示测量方向上的数值(指示表的 μm 示值,或水平仪、自准直仪的格数示值)。将它们分别按缩小的比例和放大的比例把各测点标在坐标纸上,然后把各个测点依次联结成一条误差折线,该误差折线可以用来表示实际被测直线。

在误差折线上,联结其两个端点 B、E,得到两端点连线 l_{BE}。从误差折线上找出它相对于 l_{BE} 的最高点(2,+6)和最低点(4,−4)。从坐标纸上量取这两个测点分别至 l_{BE} 的 y 坐标距离,$h_{max} = +4.5 \ \mu m$,$h_{min} = -7.2 \ \mu m$。它们的代数差即为按两端点连线评定的直线度误差值 f_{BE},即 $f_{BE} = (+4.5) - (-7.2) = 11.7 \ \mu m$。

2. 按最小包容区域图解直线度误差值

参看图 7-2,从误差折线上确定高-低-高(或低-高-低)相间的三个极点。过两个高极点(2,+6)、(7,+8)作一条直线,再过低极点(4,−4)作一条平行于上述直线的直线,包容这条误差折线,从坐标纸上量取这两条平行线间的 y 坐标距离,它的数值等于 10.8 μm,即为按最小包容区域评定的直线度误差值 f_{MZ}。

四、用指示表测量直线度误差

1. 测量方法

将指示表表架放置在平板工作面(测量基准)上沿工件表面上实际被测直线移动,并以该工作面作为被测直线的理想直线,按选定的等距布点,用指示表对各测点测取数据。根据指示表在各测点上测得的示值,经数据处理求解和评定直线度误差值。

2. 实验步骤(参看图 7-3)

(1) 以平板的工作面作为测量基准和理想要素。将工件(被测平尺)用一个固定支承和一个可调支承支持在平板上,这两个支承应分别位于距被测平尺两端的距离为其全长的2/9处。将指示表表架放置在平板工作面上。

将指示表放置在工件被测表面上,使指示表测头与工件被测表面上一条直线的两端接触。利用可调支承将这条被测直线的两个端点调整到距平板工作面的高度距离大致相等,即指示表在这两个端点上的示值大致相同。

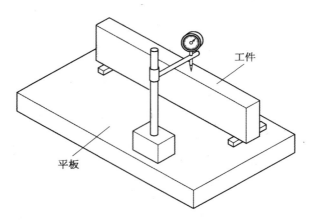

图 7-3 用指示表测量表面上的直线的直线度误差

(2)将实际被测直线等分成若干段,并在实际被测直线旁标出均匀布置的各个测点的位置。然后,按各测点的顺序和位置,逐段地移动指示表,依次由起始测点 0 开始测量,逐点测量到终测点 n,同时记录指示表对各测点测得的示值 Δ_i。

测量时,不一定调整指示表示值零位,因为指示表只需测取各测点相对于平板的高度距离的不同差值。

(3)由测得的各测点示值 Δ_i 处理数据,求解直线度误差值。

3. 作图处理数据示例

用分度值为 0.002 mm 的指示表测量平尺窄长表面上一条直线的直线度误差(图 7-3)。将工件(被测平尺)沿其长度方向等分成 8 段(9 个测点)进行测量。测量数据见表 7-1 第二行所列的示值。

表 7-1 用指示表测量直线度误差时的测量数据

测点序号 i	0	1	2	3	4	5	6	7	8(n)
指示表示值 $\Delta_i(\mu m)$	0	+4	+6	-2	-4	0	+4	+8	+6

参看图 7-2,按表 7-1 所列各测点处的示值,在坐标纸上画出误差折线。作通过误差折线首、末两点 $B(0,0)$、$E(8,+6)$ 的直线 l_{BE}。从该坐标纸上按 y 坐标方向量得误差折线相对于直线 l_{BE} 的最大偏离值 $h_{max}=+4.5\ \mu m$,最小偏离值 $h_{min}=-7.2\ \mu m$。因此,按两端点连线评定的直线度误差值为

$$f_{BE} = (+4.5) - (-7.2) = 11.7\ \mu m$$

从误差折线上找出两个高极点(2,+6)和(7,+8)及一个低极点(4,-4)。通过两个高极点作一条直线,再通过低极点作一条平行于两高极点连线的直线,得到最小包容区域。它们之间的 y 坐标距离即为最小包容区的宽度,从坐标纸上量得按最小包容区域评定的直线度误差值为

$$f_{MZ} = 10.8 \ \mu m < f_{BE}$$

五、用合像水平仪测量直线度误差

1. 量仪说明和测量原理

合像水平仪是一种精密测角仪器,其结构如图 7-4a 所示。它用自然水平面作为测量基准。水平仪的水准器(图 7-4b)是一个密封的玻璃管,其内表面在长度方向上具有一定的曲率半径 R,管内注有精馏乙醚,并留有一定量的空气,以形成气泡。当气泡在管中停住时,气泡的位置必然垂直于重力方向。这就是说,当水平仪倾斜时,气泡本身并不倾斜,而始终保持水平位置。利用这个原理,将水平仪放在桥板上使用(图 7-5),以自然水平面作为参考对象,把整条实际被测直线按桥板跨距 L 的长度进行等距分段,然后按均匀布置的各个测点的位置,首尾衔接地逐段移动桥板,便能依次测出实际被测直线上各相邻两测点相对于自然水平面的高度差。

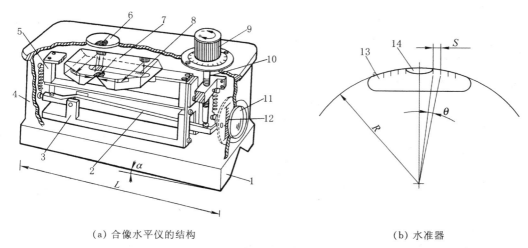

（a）合像水平仪的结构　　　　　　　　　　（b）水准器

图 7-4　合像水平仪及其水准器

1—底板；2—杠杆；3—支承；4—壳体；5—支承架；6—放大镜；7—棱镜；8—水准器；9—测微螺杆手轮；10—测微螺杆；11—放大镜；12—刻线尺；13—水准器玻璃管；14—气泡；R—曲率半径；S—刻线间距；θ—S 对应的中心角

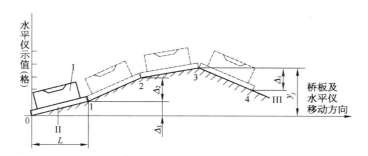

图 7-5　用水平仪测量直线误差时的示意图

Ⅰ—水平仪；Ⅱ—桥板；Ⅲ—实际被测直线；L—桥板跨距；

$0, 1, 2, \cdots, i$—测点序号；$\Delta_1, \Delta_2, \cdots, \Delta_i$—水平仪示值；

y_j—任一测点处的示值累计值

在水准器玻璃管管长的中部,从气泡的边缘开始向两端对称地按弧度值(mm/m)刻有若干条均匀配置的刻线。设水准器玻璃管的曲率半径为 R,则刻线间距 S 与其对应的中心角(弧度)θ 的关系为 $S = R\theta$。

水平仪的分度值 τ 用[角]秒或 mm/m 表示。合像水平仪的分度值为 $2''$,这角度相当于在 1 m 长度上,对边高为 0.01 mm 的角度,该分度值也用 0.01 mm/m 或 0.01/1 000 表示。

参看图 7-4a 和图 7-6,测量时,合像水平仪水准器 8 中的气泡两端经棱镜 7 反射的两半像从放大镜 6 观察。当桥板两端相对于自然水平面无高度差时,水准器 8 处于水平位置,则气泡位于水准器 8 的中央,因此气泡两端反射到棱镜 7 两边的对称位置上,从放大镜 6 观察到的两半像相合(图 7-6a)。如果桥板两端相对于自然水平面有高度差,则水平仪倾斜一个角度 α,因此气泡不位于水准器 8 的中央,从放大镜 6 观察到的两半像是错开的(图 7-6b),产生偏离量 Δ。

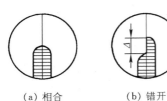

(a) 相合　　(b) 错开

图 7-6　气泡的两半像

为了确定气泡偏离量 Δ 的数值,转动手轮 9(其下端的测微螺杆 10 就一起转动),使水准器 8 倾斜一个角度 α,以使气泡位于水准器 8 的中央,从放大镜 6 观察到气泡的错开两半像恢复成图 7-6a 所示相合的两半像。气泡偏离量 Δ 先从放大镜 11 由刻线尺 12 读数,它反映测微螺杆 10 转动的整圈转数;再从手轮 9 的分度盘读数(该盘上有等分的 100 格刻度,每格为刻线尺 12 一格的百分之一),它是测微螺杆 10 转动不足一圈的细分读数。读数取值的正、负由手轮 9 指明。

设测点序号为 i ($i = 0, 1, 2, \cdots, n$),则被测直线的长度 l、分段数目 n 与桥板跨距 L 的关系为 $L = l/n$。桥板每移动一次读取示值(气泡偏离量,格数)Δ_i,并约定 Δ_i 为正值时,桥板右端高于左端;Δ_i 为负值时,则桥板右端低于左端。令起始测点 0 位于自然水平面上,其示值为零 ($\Delta_0 = 0$),则测点 1 的示值 Δ_1 就表示测点 1 相对于自然水平面的高度;测点 2 的示值 Δ_2 就表示测点 2 相对于测点 1 的高度;依此类推。

测微螺杆 10 转动的格数 Δ_i、桥板跨距 L(mm)与桥板两端分别接触的两个测点相对于自然水平面的高度差 h_i(线性值)之间的关系为

$$h_i = \tau \Delta_i L = 0.01 \Delta_i L \qquad (\mu m) \tag{7-2}$$

2. 实验步骤(参看图 7-5)

(1) 把水平仪分别放置在实际被测直线的两端,调整被测工件的位置,使水平仪在两端的示值相差不大,以使实际被测直线大致位于水平的位置。

将实际被测直线等分成若干段,并选择相应跨距的桥板。在实际被测直线旁标出均匀布置的各个测点的位置。

(2) 将水平仪安放在桥板上,把桥板放置在实际被测直线的测点 0 和测点 1 上,记下水平仪第一个示值 Δ_1。然后,按各测点的顺序和位置,逐段地移动桥板,依次由起始测点 0 顺测到终测点 n,测量各相邻两测点之间高度差,同时记录各测点的示值 Δ_i。必须注意,桥板每次移动时,应使桥板的支承在前后位置上首尾衔接,并且水平仪不得相对于桥板产生位移。

为了提高测量可靠性,可以再由终测点 n 返测到起始测点 0。返测时,桥板切勿调头。

将各个分段上记录的两次示值的平均值分别作为各个分段的测量数据。若某个分段两次示值的差异较大,则表明测量不正常,查明原因后重新测量。

（3）由测得的各测点示值 Δ_i 处理数据,求解直线度误差值。

3. 作图法处理数据示例

用分度值为 0.01 mm/m 的合像水平仪测量工作长度为 1.6 m 的导轨的直线度误差。所采用的桥板跨距为 200 mm,将导轨等分成 8 段(9 个测点)进行测量。测量数据见表 7-2 第三行所列的示值。

表 7-2 用水平仪测量直线度误差时的测量数据

测点序号 i	0	1	2	3	4	5	6	7	8
测量位置(桥板所在位置)(m)	0~0.2		0.2~0.4	0.4~0.6	0.6~0.8	0.8~1.0	1.0~1.2	1.2~1.4	1.4~1.6
各测点示值 Δ_i(格数)	$\Delta_0 = 0$	+2	+1	-4	-1	+2	+2	+2	-2
任一测点 j 处的示值累计值 $y_j = \sum_{i=1}^{j} \Delta_i$(格数, $j=1,2,\cdots,8$)	0	+2	+3	-1	-2	0	+2	+4	+2

参看图 7-7,按表 7-2 所列各测点处的示值累计值,在坐标纸上画出误差折线。作通过误差折线首、尾两点 $B(0,0)$、$E(8,+2)$ 的直线 l_{BE}。从该坐标纸上按 y 坐标方向量得误差折线相对于直线 l_{BE} 的最大偏离值 $h_{max} = +2.7$ 格,最小偏离值 $h_{min} = -3$ 格。因此,按两端点连线评定的直线度误差值为

$$f_{BE} = 0.01 \times (2.7 + 3) \times 200 = 11.4 \ \mu m$$

从误差折线上找出两个高极点(2, +3)和(7, +4)及一个低极点(4, -2)。作通过两个高极点的直线,再作过低极点且平行于两高极点连线的直线,得到最小包容区域。从该坐标纸上量得该区域的 y 坐标宽度为 5.4 格。因此,按最小包容区域评定的直线度误差值为

$$f_{MZ} = 0.01 \times 5.4 \times 200 = 10.8 \ \mu m < f_{BE}$$

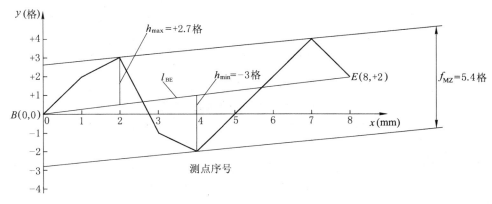

图 7-7 误差折线和直线度误差值的评定

六、用自准直仪测量直线度误差

1. 量仪说明和测量原理

自准直仪(图 7-8)是一种精密测角仪器,由本体和平面反射镜两部分组成。它应用自准直原理进行测量(与实验一的立式光学比较仪类似),以由本体的光源发出的光线(主光轴)作为测量基准。参看图 7-9,测量时,本体安放在被测工件体外的固定位置上,反射镜则安放在桥板上,桥板放置在实际被测表面上。把整条实际被测直线按桥板跨距 L 的长度进行等距分段,然后按均匀布置的各个测点的位置,首尾衔接地逐段移动桥板,便能依次测出实际被测直线上各相邻两测点相对于主光轴的高度差。

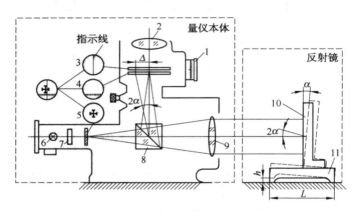

图 7-8 自准直仪的光学系统图

1—读数鼓轮;2—目镜;3—可动分划板;4—固定分划板;5—十字分划板;
6—光源;7—滤光片;8—立方棱镜;9—物镜;10—平面反射镜;11—桥板

参看图 7-8,自准直仪的光源 6 发出的光线,经滤光片 7,照亮十字分划板 5,再经立方棱镜 8 和物镜 9 形成平行光束,将十字分划板 5 的"十"字投射到平面反射镜 10 的镜面上,经反射后,成像在目镜 2 视场中。在目镜视场中可以同时观察到可动分划板 3 的指示线、固定分划板 4 下部的刻线尺和反射回来的该"十"字的影像。

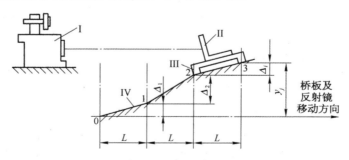

图 7-9 用自准直仪测量直线度误差

Ⅰ—自准直仪本体;Ⅱ—平面反射镜;Ⅲ—桥板;Ⅳ—实际被测直线;L—桥板跨距;
$0,1,2,\cdots,i$—测点序号;$\Delta_1,\Delta_2,\cdots,\Delta_i$—自准直仪示值;$y_i$—任一测点处的示值累计值

当反射镜 10 的镜面与平行光束垂直时,平行光束就沿原光路返回,"十"字影像经立方棱镜 8 并被其中的半透明膜向上反射到目镜 2 视场。"十"字影像位于目镜视场的中央,如图 7-10a 所示。

当桥板两端分别接触的两个测点之间存在高度差 h，而使反射镜 10 的镜面与平行光束不垂直(反射镜 10 倾斜一个角度 α)时，反射光轴与入射光轴(主光轴)之间成 2α 角，"十"字影像就不位于目镜 2 视场的中央，而相对于中央产生偏离量 Δ，如图 7-10b 所示。

为了确定偏离量 Δ 的数值，转动读数鼓轮 1 使可动分划板 3 的指示线瞄准"十"字影像，该指示线沿固定分划板 4 的刻线尺移动一段距离，然后进行读数。鼓轮 1 的圆周上刻有等分的 100 格刻度，鼓轮 1 刻度的一格为固定分划板 4 刻线尺一格的百分之一。

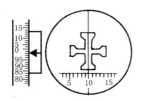 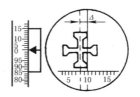

(a) 反射镜镜面与主光轴垂直时(起始示值)　　　　(b) 反射镜镜面与主光轴不垂直时(第二次示值)

图 7-10　测量时示值的读数

自准直仪的分度值 τ 为 $1''$，也用 0.005 mm/m 或 0.005/1 000 表示。读数鼓轮 1 转动的格数 Δ_i、桥板跨距 L(mm)与桥板两端分别接触的两个测点相对于主光轴的高度差 h_i(线性值)之间的关系为

$$h_i = \tau\Delta_i L = 0.005\Delta_i L \qquad (\mu m) \qquad (7\text{-}3)$$

2. 实验步骤(参看图 7-8 和图 7-9)

(1) 沿工件被测直线的方向将自准直仪本体安放在工件体外。将实际被测直线等分成若干段，并选择相应跨距的桥板。在实际被测直线旁标出均匀布置的各个测点的位置。

将平面反射镜 10 安放在桥板 11 上，同时将该桥板放置在实际被测直线上。接通电源，使光线照准安放在桥板上的反射镜 10。

(2) 调整自准直仪的位置，使反射镜 10 位于实际被测直线两端时十字分划板 5 的"十"字影像均能进入目镜 2 视场。

测量时，首先将安放着反射镜 10 的桥板 11 移到靠近自准直仪本体的被测直线那一端(测点 0 和测点 1 上)，调整自准直仪的位置，从目镜 2 视场中观察到"十"字影像位于其中央，这相当于测点 0 和测点 1 相对于测量基准(主光轴)等高。然后，将本体的位置加以固定，读出并记录起始示值 Δ_1(格数)。

(3) 按各测点的顺序和位置，逐段移动桥板 11，依次由起始测点 0 顺测到终测点 n，测量各相邻两测点间的高度差。观察目镜 2 视场中的"十"字影像，转动鼓轮 1，读出并记录各测点的示值 Δ_i(格数)。必须注意，桥板每次移动时，应使桥板的支承在前后位置上首尾衔接，并且反射镜不得相对于桥板产生位移。

为了提高测量可靠性，可以再由终测点 n 返测到起始测点 0。返测时，桥板切勿调头。将各个分段上记录的两次示值的平均值分别作为各个分段的测量数据。若某个分段两次示值的差异较大，则表明测量不正常，查明原因后重新测量。

(4) 由测得的各测点示值 Δ_i 处理数据，求解直线度误差值。

3. 作图法处理数据示例

用分度值为 0.005 mm/m 的自准直仪测量 2 m 桥形平尺的直线度误差。所采用的桥板跨距为 200 mm,将被测直线等分成 10 段(11 个测点)进行测量。测量数据见表 7-3 第三行所列的示值。

表 7-3　用自准直仪测量直线度误差时的测量数据

测点序号 i	0	1	2	3	4	5	6	7	8	9	10
测量位置(桥板所在位置)(m)		0～0.2	0.2～0.4	0.4～0.6	0.6～0.8	0.8～1.0	1.0～1.2	1.2～1.4	1.4～1.6	1.6～1.8	1.8～2.0
各测点示值 Δ_i(格数)	/	+32	+34	+36	+32	+38	+35	+28	+29	+32	+28
各测点示值与 Δ_1 的代数差 $(\Delta_i - \Delta_1)$(格数)	0	0	+2	+4	0	+6	+3	-4	-3	0	-4
任一测点 j 处的示值累计值 $y_j = \sum_{i=2}^{j}(\Delta_i - \Delta_1)$ (格数,$j = 2,3,4,\cdots,10$)	0	0	+2	+6	+6	+12	+15	+11	+8	+8	+4

参看图 7-11,按表 7-3 所列各测点处的示值累计值,在坐标纸上画出误差折线。作通过误差折线首、尾两点(0,0)、(10,+4)的直线 l_{BE}。从该坐标纸上按 y 坐标方向量得误差折线相对于直线 l_{BE} 的最大偏离值 $h_{max} = +12.6$ 格,最小偏离值 $h_{min} = -0.6$ 格。因此,按两端点连线评定的直线度误差值为

$$f_{BE} = 0.005 \times (12.6 + 0.6) \times 200 = 13.2 \ \mu m$$

从误差折线上找出两个低极点(1,0)和(10,+4)及一个高极点(6,+15)。作通过两个低极点的直线,再作过高极点且平行于两低极点连线的直线,得到最小包容区域。从该坐标纸上量得该区域的 y 坐标宽度为 13 格。因此,按最小包容区域评定的直线度误差值为

$$f_{MZ} = 0.005 \times 13 \times 200 = 13 \ \mu m < f_{BE}$$

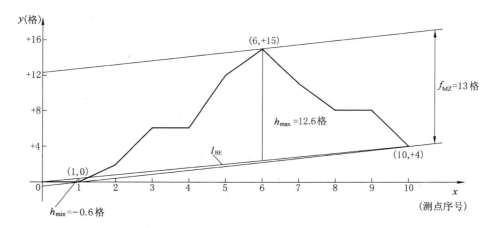

图 7-11　作图求解直线度误差值

七、思考题

1. 按两端点连线和按最小包容区域评定直线度误差值各有何特点?
2. 本实验中,用指示表和平板测量与用水平仪、自准直仪测量的数据处理有什么不同?

实验八 用指示表和平板测量平面度误差、平行度误差和位置度误差

一、实验目的

1. 了解指示表的结构,并熟悉使用指示表和精密平板测量平面度误差以及面对面的平行度误差、位置度误差的方法。

2. 掌握按最小包容区域和对角线平面评定平面度误差值的方法,并掌握按对角线平面和最小包容区域处理平面度误差测量数据的方法。

3. 掌握被测平面对基准平面的平行度误差值的评定方法和数据处理方法。

4. 掌握被测平面对基准平面的位置度误差值的评定方法和数据处理方法。

二、平面度误差的测量和评定

(一) 平面度误差的测量原理

测量被测表面的几何误差时,通常用被测表面上均匀布置的一定数量的测点来代替整个实际表面。根据本实验所用被测零件的几何公差标注(图 8-1)的特点,用指示表和精密平板对一个被测表面进行测量,获得若干测量数据。然后,处理这些数据,求解该被测表面的平面度误差值、平行度误差值和位置度误差值。

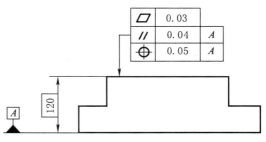

图 8-1 被测零件一个表面的几何公差标注

平面度误差可以用测量直线度误差的各种量仪进行测量。本实验用指示表和精密平板测量平面度误差,其测量装置如图 8-2 所示。如果只测量平面度误差,则不需要使用量块组,测量时将被测零件 2 以其底面放置在平板工作面上,或者在平板工作面上用一个固定支承和两个可调节支承来支承被测零件 2,以平板 3 的工作面作为测量基准。

本实验将被测零件 2 以其底面放置在平板 3 的工作面上,首先用放置在平板工作面上的量块组 4 调整指示表 1 的示值零位,然后用调整好示值零位的指示表测量实际被测表面各测点对量块组尺寸的偏差,它们分别由指示表在各测点的示值读出,根据这些示值,经过数据处理,求解平面度误差值。

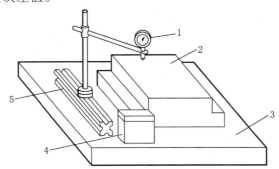

图 8-2 用指示表测量同一表面的平面度误差、平行度误差和位置度误差

1—指示表;2—被测零件;3—精密平板;4—量块组;5—测量架

（二）平面度误差值的评定方法

1．按最小包容区域评定

参看图 8-3，由两个平行平面包容实际被测表面时，若实际被测表面各测点中至少有四个测点分别与这两个平行平面接触，且满足下列条件之一，则这两个包容平面之间的区域称为最小包容区域。最小包容区域的宽度即为平面度误差值。这两个平行包容平面中那个位于实际被测表面体外的包容平面是评定基准。

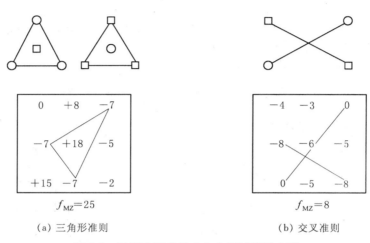

图 8-3　平面度误差最小包容区域判别准则

〇—高极点；□—低极点

（1）三角形准则：有三个测点与一个包容平面接触，还有一个测点与另一个包容平面接触，且该点的投影能落在上述三点连成的三角形内（图 8-3a）；或者落在该三角形的一条边上。

（2）交叉准则：至少有两个高极点和两个低极点分别与两个平行的包容平面接触，且两个高极点的连线和两个低极点的连线在空间成交叉状态（图 8-3b）；或者有两个高（低）极点与两个平行的包容平面中的一个平面接触，还有一个低（高）极点与另一个平面接触，并且该低（高）极点的投影落在两个高（低）极点的连线上。

2．按对角线平面评定

用通过实际被测表面的一条对角线且平行于另一条对角线的平面作为评定基准，以各测点对此评定基准的偏离值中的最大偏离值与最小偏离值的代数差作为平面度误差值。测点在对角线平面上方时，偏离值为正值。测点在对角线平面下方时，偏离值为负值。

应当指出，无论用何种测量方法测量任何实际表面的平面度误差，按最小包容区域评定的误差值一定小于，至多等于按对角线平面法或其他方法评定的误差值，因此按最小包容区域评定平面度误差值可以获得最佳的技术经济效益。

三、面对面平行度误差的评定和测量

面对面平行度误差值用定向最小包容区域评定。参看图 8-4，用平行于基准平面 A 的两个平行平面包容实际被测表面 S 时，若实际被测表面各测点中至少有一个高极点和一个低极点分别与这两个平行平面接触，则这两个平行平面之间的区域 U 称为定向最小包容区域。该区域的

宽度 f_U 即为平行度误差值。

本实验用指示表和精密平板测量平行度误差,其测量装置如图 8-2 所示。如果只测量平行度误差和平面度误差,则不需要使用量块组,以平板 3 的工作面作为测量基准,它同时也是测量平行度误差所用的模拟基准平面。本实验将被测零件 2 以其底面放置在平板 3 的工作面上,首先用放置在平板工作面上的量块组 4 调整指示表 1 的示值零位,然后用调整好示值零位的指示表测量实际被测表面各测点对量块组尺寸的偏差,它们分别由指示表在各测点的示值读出,这些示值中的最大示值与最小示值的代数差即为平行度误差值。

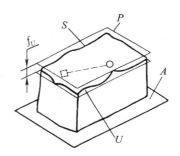

图 8-4　被测表面对基准平面的平行度误差定向最小包容区域的判别准则

○—高极点；□—低极点；
P—评定基准

四、面对面位置度误差的评定和测量

面对面位置度误差值用定位最小包容区域评定。参看图 8-5,评定面对面位置度误差时,首先要确定理想平面(评定基准)P 的位置:它平行于基准平面 A 且距基准平面 A 的距离为图样上标注的理论正确尺寸 $\boxed{l}$。

由平行于基准平面 A 的两个平行平面相对于理想平面 P 对称地包容实际被测表面 S 时,实际被测表面各测点中只要有一个极点与这两个平行平面中的任何一个平面接触,则这两个平行平面之间的区域 U 称为定位最小包容区域。该区域的宽度即为位置度误差值 f_U,它等于该极点至理想平面 P 的距离 h_{max} 的两倍,即 $f_U = 2h_{max}$。

本实验用指示表和精密平板测量位置度误差,其测量装置如图 8-2 所示,以平板 3 的工作面作为测量基准,它同时也是测量位置度误差所用的模拟基准平面。将被测零件 2 以其底面放置在平板工作面上。按图样上标注的理论正确尺寸组合量块组 4,也将它放置在平板工作面上,用它调整指示表 1 的示值零位。然后,用调整好示值零位的指示表测量实际被测表面各测点对量块组尺寸的偏差,它们分别由指示表在各测点的示值读出,这些示值中绝对值最大的示值的两倍即为位置度误差值 f_U。

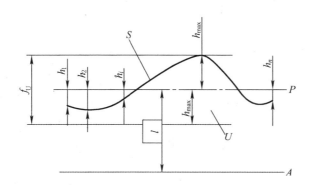

图 8-5　被测表面对基准平面的位置度误差定位最小包容区域的判别准则

h_i—实际被测表面各测点至理想平面的距离($i = 1, 2, \cdots, n$)

五、实验步骤

参看图 8-2 所示的测量装置。按图 8-1 所示图样的标注,测量被测表面的平面度误差

和该表面对基准平面 A 的平行度误差和位置度误差。

（1）将被测零件 2 以其实际基准表面（底面）放置在平板 3 的工作面上，该工作面既作为测量基准，又模拟体现测量平行度误差和位置度误差时的基准平面。

（2）在实际被测表面上均匀布置若干测点并标出这些测点的位置。

在空间直角坐标系里，各相邻两测点在 x 坐标方向上的距离皆相等，各相邻两测点在 y 坐标方向上的距离也皆相等；z 坐标方向为测量方向。

（3）按图样上标注的理论正确尺寸 120 选取几块量块，并将它们组合成尺寸为 120 mm 的量块组 4。然后，将该量块组放置在平板 3 的工作面上。

（4）确定指示表 1 的示值零位。调整指示表 1 在测量架 5 上的位置，使指示表的测头与量块组 4 的上测量面接触，并使指示表的指针正转一定的角度。在此位置上转动表盘（分度盘），将表盘上的零刻线对准长指针。

（5）移动测量架 5，用调整好示值零位的指示表 1 测量各测点至平板 3 工作面的距离对 120 mm 的偏差，它们分别由指示表在各测点的示值读出，同时记录这些示值。

（6）由测得的指示表在各测点的示值求解几何误差值：

① 按对角线平面和最小包容区域求解平面度误差值；
② 按定向最小包容区域求解平行度误差值；
③ 按定位最小包容区域求解位置度误差值。

（7）按图样上标注的几何公差值判断上述几何误差值是否合格。

六、数据处理和计算示例

按图 8-1 所示零件的几何公差标注和图 8-2 所示的测量装置，以平板工作面作为测量基准，在实际被测表面上均匀布置 9 个测点。将分度值为 0.002 mm 的指示表按量块组尺寸 120 mm 调整它的示值零位，然后用它测量平面度误差、平行度误差和位置度误差。它对 9 个测点测得的示值见图 8-6a。

-10	$+5$	-3
(a_1)	(a_2)	(a_3)
-24	$+8$	-8
(b_1)	(b_2)	(b_3)
-9	-24	-12
(c_1)	(c_2)	(c_3)

0	$+15$	$+7$
(a_1)	(a_2)	(a_3)
-14	$+18$	$+2$
(b_1)	(b_2)	(b_3)
$+1$	-14	-2
(c_1)	(c_2)	(c_3)

（a）指示表在各测点的示值（μm）　　　　（b）各测点的示值与第一个测点 a_1 的示值的代数差（μm）

图 8-6　实际被测表面 9 个测点的测量数据

（一）平面度误差测量数据的处理方法

为了方便测量数据的处理，首先求出图 8-6a 所示 9 个测点的示值与第一个测点 a_1 的示值（$-10\ \mu$m）的代数差，得到图 8-6b 所示 9 个测点的数据。

评定平面度误差值时，首先将测量数据进行坐标转换，把实际被测表面上各测点对测量基准的坐标值转换为对评定方法所规定的评定基准的坐标值。各测点之间的高度差不会因基准转换而改变。在空间直角坐标系里，取第一行横向测量线为 x 坐标轴，第一

条纵向测量线为 y 坐标轴,测量方向为 z 坐标轴,第一个测点 a_1 为原点 O,测量基准为 Oxy 平面。换算各测点的坐标值时,以 x 坐标轴和 y 坐标轴作为旋转轴。设绕 x 坐标轴旋转的单位旋转量为 q,绕 y 坐标轴旋转的单位旋转量为 p,则当实际被测表面绕 x 坐标轴旋转、再绕 y 坐标轴旋转时,实际被测表面上各测点的综合旋转量如图 8-7 所示(位于原点的第一个测点 a_1 的综合旋转量为零)。各测点的原坐标值加上综合旋转量,就求得坐标转换后各测点的坐标值。

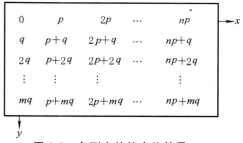

图 8-7　各测点的综合旋转量

1. 按对角线平面评定平面度误差值

按图 8-6b 所示的数据,为了获得对角线平面,使 a_1、c_3 两点和 a_3、c_1 两点旋转后分别等值,由图 8-6b 和图 8-7 得出下列关系式:

$$\begin{cases} -2+2p+2q=0 \\ +7+2p=+1+2q \end{cases}$$

经求解,得到绕 y 轴和 x 轴旋转的单位旋转量分别为(正、负号表示旋转方向):
$p=-1\ \mu m$,$q=+2\ \mu m$。

因此,求得各测点的综合旋转量见图 8-8a。把图 8-6b 和图 8-8a 中的对应数据分别相加,则求得第一次坐标转换后各测点的数据见图 8-8b。

0	−1	−2
(a_1)	(a_2)	(a_3)
+2	+1	0
(b_1)	(b_2)	(b_3)
+4	+3	+2
(c_1)	(c_2)	(c_3)

（a）各测点的综合旋转量(μm)

0	+14	+5
(a_1)	(a_2)	(a_3)
−12	+19	+2
(b_1)	(b_2)	(b_3)
+5	−11	0
(c_1)	(c_2)	(c_3)

（b）第一次坐标转换后各测点的数据(μm)

图 8-8　按对角线平面评定平面度误差值

由图 8-8b 可知,对角线平面(评定基准)为通过 a_1(0)、c_3(0) 两个角点的连线,且平行于 a_3(+5)、c_1(+5) 两个角点的连线的平面,因此按对角线平面评定的平面度误差值 f_{DL} 为

$$f_{DL}=(+19)-(-12)=31\ \mu m=0.031\ mm$$

f_{DL} 大于图样上标注的平面度公差值(0.03 mm),不合格。

2. 按最小包容区域评定平面度误差值

分析图 8-8b 所示 9 个测点的数据,估计实际被测表面可能呈中凸形,符合最小包容区域的三角形准则,选取 b_1、c_2、a_3 三点为三个低极点,高极点 b_2 的投影落在 $\triangle b_1 c_2 a_3$ 内。因此,处理数据时,使 b_1、c_2、a_3 三点旋转后等值,由图 8-8b 和图 8-7 得出下列关系式:

$$-12+q=-11+p+2q=+5+2p$$

经求解,得到绕 y 轴和 x 轴旋转的单位旋转量分别为 $p=-6\ \mu m$,$q=+5\ \mu m$。

因此,求得各测点的综合旋转量见图 8-9a。把图 8-8b 和图 8-9a 中的对应数据分别相加,则求得第二次坐标转换后各测点的数据见图 8-9b。

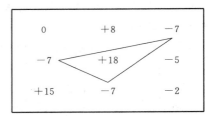

(a) 各测点的综合旋转量(μm)　　　　　　(b) 第二次坐标转换后各测点的数据(μm)

图 8-9　按最小包容区域评定平面度误差值

由图 8-9b 的数据看出,b_1、c_2、a_3 三点符合三角形准则。按最小包容区域评定的平面度误差值 f_{MZ} 为

$$f_{MZ} = (+18) - (-7) = 25 \ \mu m = 0.025 \ mm$$

f_{MZ} 小于图样上标注的平面度公差值(0.03 mm),合格。

应当指出,在图 8-8b 所示数据的基础上,本例仅进行一次坐标转换,就获得符合最小包容区域判别准则的平面度误差值。而在实际工作中常常由于极点选择不准确,需要进行几次坐标转换,才能获得符合最小包容区域判别准则的平面度误差值。

(二) 平行度误差测量数据的处理方法

由图 8-4 和图 8-6a 确定高极点为 $b_2(+8)$,低极点为 $b_1(-24)$,求得平行度误差值 f_U 为

$$f_U = (+8) - (-24) = 32 \ \mu m = 0.032 \ mm$$

f_U 小于平行度公差值(0.04 mm),合格。

(三) 位置度误差测量数据的处理方法

由图 8-5 和图 8-6a 确定各测点中距评定基准最远的一点为 $b_1(-24)$,求得位置度误差值 f_U 为

$$f_U = 2 \times |-0.024| = 2 \times |(120 - 0.024) - 120| = 0.048 \ mm$$

f_U 小于位置度公差值(0.05 mm),合格。

七、思考题

1. 按最小包容区域和按对角线平面评定平面度误差值各有何特点?
2. 试述面对面平行度误差的定向最小包容区域的判别准则。
3. 试述面对面位置度误差的定位最小包容区域的判别准则。

实验九　用光学分度头测量圆度误差

一、实验目的

1. 了解光学分度头的结构并熟悉使用它测量圆度误差的方法。
2. 熟悉圆度误差的半径变化量测量法及相应的测量数据处理方法。
3. 掌握圆度误差值的评定方法。

二、量仪说明和测量原理

本实验用光学分度头和指示表测量圆度误差。参看图 9-1,光学分度头由分度头 1、尾座 8 和底座 9 组成。转动手轮 10 可使分度头主轴及其顶尖回转。在主轴上装有金属分度盘和玻璃分度盘。前者在分度头外面,后者在分度头里面,两者同步回转,但前者只能粗略读数。

从读数装置 2 可以看到玻璃分度盘刻线的影像并读出示值。尾座 8 可以沿底座 9 上的导向槽移动,尾座顶尖可以在其套筒中移动。

光学分度头的测量范围为 $0° \sim 360°$,分度值有 $1'$、$10''$、$5''$、$2''$ 等几种。它用于在圆周上或任何角度内进行精密分度和测量角度。

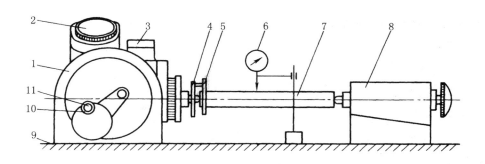

图 9-1　用光学分度头测量圆度误差

1—分度头;2—读数装置(投影屏);3—光源;4—主轴顶尖上的拨杆;5—被测工件端部上的夹头;
6—指示表;7—被测工件;8—尾座;9—底座;10—主轴回转手轮;11—主轴微转手轮

光学分度头可用来按极坐标测量一般精度圆形要素的圆度误差。测量时,以分度头主轴的回转轴线作为测量基准。若被测工件 7 为轴类零件,则以其两端的中心孔定位,把它安装在主轴顶尖与尾座顶尖之间。如果被测工件为带孔的盘形零件,则需先把它套在心轴上(该孔与心轴成无间隙配合),再把心轴安装在主轴顶尖与尾座顶尖之间。

将指示表 6 的测头与被测横截面轮廓接触,用分度头主轴带动被测工件作间断性回转。主轴每转过一定的角度(例如 $10°$、$15°$、$30°$),由指示表在实际被测横截面轮廓上测取相应的半径变化量。

根据从实际被测横截面轮廓上测得的半径变化量(即指示表的示值),可以按最小条件或最小二乘圆处理测量数据,评定圆度误差值。

三、实验步骤(参看图 9-1)

(1)通过变压器接通电源。在被测工件(或心轴)7 的一端装上夹头 5,然后把被测工件安装在主轴顶尖与尾座顶尖之间。要求被测工件既无轴向窜动,又能灵活转动。主轴转动时,由其顶尖上的拨杆 4 带动被测工件 7 同步转动。

(2)在底座 9 上移动指示表 6 的测量架,使指示表的测头与实际被测横截面轮廓接触,接触点应为该实际被测横截面轮廓距底座 9 最高的点(即指示表指针回转的转折点)。

(3)转动手轮 10 使主轴回转,转动手轮 11 使主轴微转,以使从读数装置 2 读取的示值为 0°(或任何一个整数度数)。转动指示表 6 的表盘(分度盘),使表盘上的零刻线对准指针,调整指示表示值零位。

(4) 本实验对每个横截面轮廓采点 12 个。在指示表测量架的位置保持不变的情况下,用手轮 10 和手轮 11 转动主轴,主轴每转过 30°,由指示表测取相应的示值。主轴回转一转,共获得 12 个数据。

(5) 处理测量数据。根据从实际被测横截面轮廓上测得的半径变化量(即指示表的示值 r_i),可以按最小条件或最小二乘圆处理测量数据,评定圆度误差值。

(6) 根据需要,可以测量同一圆柱面几个横截面轮廓的圆度误差,取其中的最大值作为该被测圆柱面的圆度误差值。

(7) 根据零件图样上标注的圆度公差,判断被测圆柱面的圆度误差是否合格。

四、按最小条件处理测量数据

1. 圆度误差最小包容区域判别准则

圆度误差值应该按最小条件,采用最小包容区域来评定。参看图 9-2,由两个同心圆包容实际被测轮廓 S 时,S 上至少有四个极点内、外相间地与这两个同心圆接触(至少有两个极点与内圆接触,有另外两个极点与外圆接触),则这两个同心圆之间区域即为最小包容区域 U,该区域的宽度即两个同心圆的半径差 f_{MZ} 就是符合定义的圆度误差值。

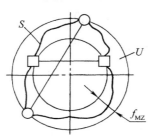

图 9-2 圆度误差最小包容区域判别准则

○—外极点;□—内极点

2. 确定圆度误差值的方法

(1) 按极坐标测出的实际被测轮廓上各测点半径变化量(指示表示值 r_i)作图,以获得实际被测轮廓的半径变化量折线。

参看图 9-3a,在坐标纸上取一个点 O 为圆心(相当于分度头主轴的回转轴线),选取适当大小的半径(通常,取半径为 25~30 mm)画一个圆 C_1(基圆)。将起始测点 S 标在基圆上。以 O 点为中心,按测点数目对应的等分转角,作若干条径向线与基圆相交(图中为按均布 12 个测点作 12 条径向线)。然后,分别以各条径向线与基圆的交点为起始点,按指示表对各测点测得的示值 r_i,以适当的放大倍数 M(通常,把所测得的半径变化量最大差值放大到约 20 mm)沿各条径向线分别标出各测点的坐标位置(注意正、负方向)。依次联结坐标纸上的各个测点,就得到实际被测轮廓的半径变化量折线。

(2) 利用同心圆模板确定圆度误差值。将透明的同心圆模板(图 9-3b)覆盖在上述半径变化量折线上,并不断地移动模板,直到该折线上至少有内、外相间的四个点分别与该模板上两个同心圆接触为止(图 9-3c)。这两个同心圆间的区域即为最小包容区域。

例如图 9-3a 所示,C_2、C_3 两个同心圆间的区域为最小包容区域,它们的半径差为 Δr。参看图 9-3c,将半径差 Δr 除以放大倍数 M 即为圆度误差值 f_{MZ}:

$$f_{MZ} = (R_{max} - R_{min})/M = \Delta r/M$$

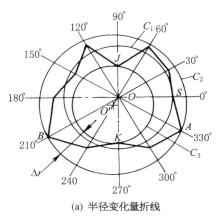

(a) 半径变化量折线

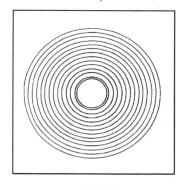

(b) 同心圆模板

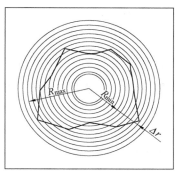

(c) 同心圆模板的使用

图 9-3　按最小条件评定圆度误差值

C_1—基圆；O—基圆圆心；S—起始测点；C_2、C_3—最小包容区域圆；O'—同心圆 C_2 和 C_3 的圆心；
Δr—C_2 与 C_3 的半径差；A、B—与外包容圆 C_2 接触的测点；J、K—与内包容圆 C_3 接触的测点

五、按最小二乘圆处理测量数据

1. 按最小二乘圆评定圆度误差值

最小二乘圆是这样一个理想圆,它使实际被测轮廓上各点至它的距离的平方之和为最小。以此圆的圆心为中心,作两个同心圆包容实际被测轮廓,该轮廓上至少有一个测点与内圆接触,有另一个测点与外圆接触。以这两个圆的半径差 f_{LS} 作为圆度误差值。

2. 最小二乘圆圆心坐标和半径的计算公式

参看图 9-4,测量中心 O(分度头主轴回转轴线)为测量实际轮廓时所采用坐标系的原点。令最小二乘圆 C_4 的圆心的直角坐标为 $G(a,b)$,按极坐标测得实际轮廓上各测点的坐标为 $P_i(r_i, \varphi_i)$,各测点相应的直角坐标为 $P_i(x_i, y_i)$。最小二乘圆的圆心坐标 $G(a,b)$ 的计算公式如下:

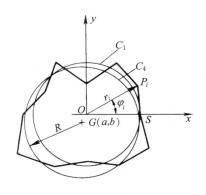

图 9-4　按最小二乘圆评定圆度误差值

C_1—基圆；C_4—最小二乘圆；S—起始测点

$$\begin{cases} a = \dfrac{2}{n}\displaystyle\sum_{i=1}^{n} x_i = \dfrac{2}{n}\displaystyle\sum_{i=1}^{n} r_i \cos\varphi_i \\ b = \dfrac{2}{n}\displaystyle\sum_{i=1}^{n} y_i = \dfrac{2}{n}\displaystyle\sum_{i=1}^{n} r_i \sin\varphi_i \end{cases} \qquad \left[\varphi_i = (i-1)\dfrac{360°}{n} \right]$$

式中　n——测点数目;

　　　i——测点序号($i = 1, 2, \cdots, n$);

　　　r_i——指示表对实际轮廓上各测点测得的示值。

最小二乘圆半径 R 的计算公式如下:

$$R = \frac{1}{n}\sum_{i=1}^{n} r_i$$

3. 圆度误差值的计算公式

计算时,首先按下式求实际轮廓上各测点至最小二乘圆的距离 ΔR_i:

$$\Delta R_i = r_i - (R + a\cos\varphi_i + b\sin\varphi_i)$$

然后,从各个 ΔR_i 值(注意正、负号)中找出最大值 ΔR_{max} 和最小值 ΔR_{min},它们的代数差即为圆度误差值 f_{LS}:

$$f_{LS} = \Delta R_{max} - \Delta R_{min}$$

4. 数据处理和计算示例

用光学分度头测量 $\phi 25$ mm 的圆柱零件某横截面轮廓的圆度误差。测点数目 $n = 12$,等分角 $\varphi = 360°/n = 30°$。测得值(指示表示值 r_i)和按最小二乘圆法计算的数值列于表 9-1。

表 9-1　用最小二乘圆法计算圆度误差值

测点序号 i	分度头主轴转角 φ_i	指示表示值 r_i (μm)	$\sin\varphi_i$	$\cos\varphi_i$	$r_i\sin\varphi_i$	$r_i\cos\varphi_i$	$b\sin\varphi_i$	$a\cos\varphi_i$	各测点至最小二乘圆的距离 ΔR_i (μm)
1	0°	0	0	+1	0	0	0	−1.08	−1.92
2	30°	+3	+0.5	+0.866	+1.5	+2.598	−1.49	−0.94	+2.43
3	60°	+4	+0.866	+0.5	+3.464	+2	−2.58	−0.54	+4.12
4	90°	−8	+1	0	−8	0	−2.98	0	−8.02
5	120°	+4	+0.866	−0.5	+3.464	−2	−2.58	+0.54	+3.04
6	150°	−3	+0.5	−0.866	−1.5	−2.598	−1.49	+0.94	−5.45
7	180°	+6	0	−1	0	−6	0	+1.08	+1.92
8	210°	+15	−0.5	−0.866	−7.5	−12.99	+1.49	+0.94	+9.57
9	240°	+5	−0.866	−0.5	−4.33	−2.5	+2.58	+0.54	−1.12
10	270°	−3	−1	0	+3	0	+2.98	0	−8.98
11	300°	+4	−0.866	+0.5	−3.464	+2	+2.58	−0.54	−1.04
12	330°	+9	−0.5	+0.866	−4.5	+7.794	+1.49	−0.94	+5.45
$\displaystyle\sum_{i=1}^{12}$		+36			−17.866	−6.5			

最小二乘圆的半径:

$$R = \frac{1}{n} \sum_{i=1}^{n} r_i = \frac{+36}{12} = +3 \ \mu m \quad \text{(未计入被测轮廓圆的半径值} \frac{25}{2} \text{mm)}$$

最小二乘圆圆心的坐标:

$$\begin{cases} a = \dfrac{2}{n} \sum_{i=1}^{n} r_i \cos \varphi_i = \dfrac{2 \times (-6.5)}{12} = -1.08 \ \mu m \\[3mm] b = \dfrac{2}{n} \sum_{i=1}^{n} r_i \sin \varphi_i = \dfrac{2 \times (-17.866)}{12} = -2.98 \ \mu m \end{cases}$$

圆度误差值:

$$\begin{aligned} f_{LS} &= \Delta R_{max} - \Delta R_{min} = \Delta R_8 - \Delta R_{10} \\ &= 9.57 - (-8.98) \\ &= 18.55 \ \mu m \end{aligned}$$

六、思考题

1. 圆度误差值有哪几种评定方法? 其中哪一种评定方法符合圆度误差的定义?

2. 根据测得轮廓上各个测点的半径变化量,如何按最小包容区域和最小二乘圆评定该轮廓的圆度误差值?

实验十　径向和轴向圆跳动测量

一、实验目的

1. 掌握径向和轴向圆跳动的测量方法。

2. 加深对径向和轴向圆跳动的定义的理解。

二、测量方法

图 10-1 为径向和轴向圆跳动的测量示意图。被测零件 2 以其基准孔安装在心轴 3 上(该孔与心轴成无间隙配合),再将心轴 3 安装在同轴线两个顶尖 1 之间。这两个顶尖的公共轴线体现基准轴线,它也是测量基准。实际被测圆柱面绕基准轴线回转一转过程中,位置固定的指示表的测头与被测圆柱面接触作径向移动,指示表最大与最小示值之差即为径向圆跳动的数值。实际被测端面绕基准轴线回转一转过程中,位置固定的指示表的测头与被测端面接触作轴向移动,指示表最大与最小示值之差即为轴向圆跳动的数值。

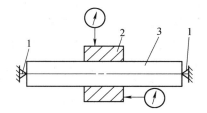

图 10-1　径向和轴向圆跳动测量方法
1—顶尖;2—被测零件;3—心轴

三、卧式齿轮径向跳动测量仪说明

盘形零件的径向和轴向圆跳动可以用卧式齿轮径向跳动测量仪来测量(该量仪还可用于测量齿轮螺旋线总偏差和齿轮径向跳动)。该量仪的外形如图 10-2 所示,它主要由底座

10、装有两个顶尖座 7 的滑台 9 和立柱 1 组成。测量盘形零件时,将被测零件 13 安装在心轴 4 上(被测零件的基准孔与心轴成无间隙配合),用该心轴轴线模拟体现被测零件的基准轴线。然后,把心轴安装在量仪的两个顶尖座 7 的顶尖 5 之间。

滑台 9 可以在底座 10 的导轨上沿被测零件基准轴线的方向移动。立柱 1 上装有指示表表架 14。松开锁紧螺钉 16,旋转升降螺母 15,表架 14 可以沿立柱 1 上下移动和绕立柱 1 转动。松开锁紧螺钉 17,表架 14 可以带着指示表 2 绕垂直于铅垂平面的轴线转动。

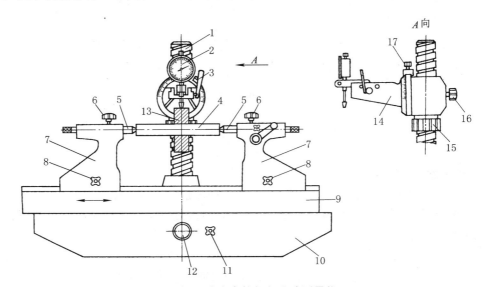

图 10-2　卧式齿轮径向跳动测量仪

1—立柱；2—指示表；3—指示表测量扳手；4—心轴；5—顶尖；6—顶尖锁紧螺钉；7—顶尖座；8—顶尖座锁紧螺钉；9—滑台；10—底座；11—滑台锁紧螺钉；12—滑台移动手轮；13—被测零件；14—指示表表架；15—升降螺母；16—表架 14 在立柱 1 上固定用的锁紧螺钉；17—表架 14 本身的锁紧螺钉

四、测量径向圆跳动时的实验步骤(参看图 10-2)

1. 在量仪上安装工件并调整指示表的测头与工件的相对位置

把工件 13 安装在心轴 4 上(工件基准孔与心轴成无间隙配合)。然后,把心轴 4 安装在量仪的两个顶尖座 7 的顶尖 5 之间,使心轴无轴向窜动,且能转动自如。

2. 调整指示表的测头与工件的相对位置

松开螺钉 11,转动手轮 12,使滑台 9 移动,以便使指示表 2 的测头大约位于工件宽度中间。然后,将螺钉 11 锁紧,使滑台 9 的位置固定。

3. 调整量仪的指示表示值零位

放下扳手 3,松开螺钉 16,转动螺母 15,使表架 14 沿立柱 1 下降到指示表 2 的测头与工件被测圆柱面接触,能够把指示表 2 的长指针压缩(正转)1~2 转。然后,旋转螺钉 16,使表架 14 的位置固定。转动指示表 2 的表盘(分度盘),把表盘的零刻线对准指示表的长指针,确定指示表的示值零位。

4. 测量

把工件缓慢转动一转,读取指示表 2 的最大与最小示值,它们的差值即为径向圆跳动数值。对于较长的被测外圆柱面,应根据具体情况,分别测量几个不同横截面的径向圆跳动值,取其中的最大值作为测量结果。

五、测量轴向圆跳动时的实验步骤(参看图 10-2)

1. 调整指示表的测头与工件的相对位置

松开螺钉 17,转动表架 14,使指示表 2 测杆的轴线平行于心轴 4 的轴线。然后,将螺钉 17 锁紧。松开螺钉 16,转动螺母 15,使表架 14 沿立柱 1 下降到指示表 2 的测头位于工件被测端面范围内的位置。之后,将螺钉 16 锁紧,使表架 14 的位置固定。

2. 调整量仪的指示表示值零位

松开螺钉 11,转动手轮 12,使滑台 9 移动到工件被测端面与指示表 2 的测头接触,能够把指示表 2 的长指针压缩(正转)1~2 转。然后,旋紧螺钉 11,使滑台 9 的位置固定。转动指示表 2 的表盘(分度盘),把表盘的零刻线对准指示表的长指针,确定指示表的示值零位。

3. 测量

把工件缓慢转动一转,读取指示表 2 的最大与最小示值,它们的差值即为轴向圆跳动数值。对于直径较大的被测端面,应根据具体情况,分别测量几个不同径向位置上的轴向圆跳动值,取其中的最大值作为测量结果。

六、思考题

1. 可否把安装着被测零件的心轴安放在两个等高 V 形支承座上测量圆跳动?

2. 径向圆跳动测量能否代替同轴度误差测量? 能否代替圆度误差测量?

3. 轴向圆跳动能否完整反映出被测端面对基准轴线的垂直度误差?

第五章　圆锥角测量

实验十一　用正弦尺、量块、平板和指示式量仪测量外圆锥角

一、实验目的

熟悉用正弦尺、量块、平板和指示式量仪测量外圆锥角的原理和方法。

二、量具说明和测量原理

正弦尺的外形如图 11-1 所示,正弦尺的工作面 1 与底部两个等直径圆柱 2 的公切面平行。挡板 3、4 用来安放被测工件。按正弦尺工作面宽度 B 的不同,正弦尺分为宽型和窄型两种。两圆柱中心距 L 有 100 mm 和 200 mm 两种规格。正弦尺主要用于测量小角度和外圆锥角。参看图 11-2,测量外圆锥角时,正弦尺 3 与尺寸恰当的量块组 4 配合使用,它们均放置在平板 5 的工作面上,被测圆锥 2 安放在正弦尺的工作面上,指示表 1 的测头与被测圆锥最高的素线接触,从指示表上读得的示值反映出实际被测外圆锥角的偏差。

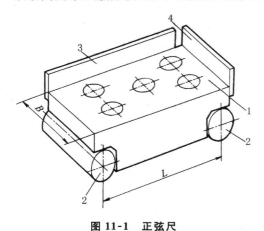

图 11-1　正弦尺

1—工作面；2—圆柱；3、4—挡板

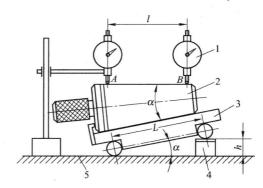

图 11-2　正弦尺测量原理图

1—指示表；2—被测圆锥；3—正弦尺；4—量块组；5—平板

正弦尺利用直角三角形的正弦函数关系来进行测量。测量时,根据被测圆锥的公称圆锥角 α 和正弦尺两圆柱的中心距 L,计算出量块组的尺寸 h:

$$h = L\sin\alpha \qquad (11-1)$$

按尺寸 h 组合量块组,把该量块组垫在正弦尺一端圆柱的下面。如果被测圆锥的实际圆锥角等于 α,则该圆锥最高的素线必然平行于平板的工作面,由指示表在最高的素线两端 A、B 两点测得的示值相同,否则由指示表在这两点测得的示值就不相同。设指示表在 A、B 两点测得的示值分别为 $M_A(\mu m)$ 与 $M_B(\mu m)$,在这两点上指示表 1 测杆轴线间的距离为

$l(\text{mm})$，则圆锥角偏差 $\Delta\alpha$ 按下式计算：

$$\Delta\alpha = 206\frac{M_A - M_B}{l}(\text{''}) \tag{11-2}$$

三、实验步骤（参看图 11-2）

（1）根据图样上对被测圆锥标注的公称圆锥角和正弦尺两圆柱的中心距，按式（11-1）计算量块组的尺寸，然后选取量块，把它们研合成量块组。

（2）把量块组 4 放在平板 5 的工作面上，把被测圆锥 2 固定在正弦尺 3 的工作面上，将正弦尺一端的圆柱放在平板工作面上，另一端的圆柱用量块组垫起。然后，在被测圆锥最高的素线的两端分别确定距离圆锥端面 2～3 mm 的 A、B 两点，这两点间的距离 l 用钢板尺测出。把指示表表架放在平板工作面上，用指示表 1 在 A、B 两点处分别测量。测量每一高点时，要前后移动表架，记下最大读数（指示表指针回转的转折点的示值），测量出 A、B 两点处的示值 M_A 和 M_B。在被测圆锥圆周上均布的三条不同位置的最高素线各测量一次，共测量三次。

（3）根据测得的数据 M_A、M_B 和 l，由式（11-2）计算圆锥角偏差 $\Delta\alpha$ 的数值，并判断被测圆锥角的合格性。

四、数据处理和计算示例

测量某一圆锥塞规的圆锥角偏差。其锥度 C 为 7：24（公称圆锥角 $\alpha = 16°35'39.4''$），配合长度 $H = 100$ mm；圆锥角公差等级为 AT6，由 GB/T 11334—2005 查得圆锥角公差 $AT_\alpha = 33''$，圆锥角极限偏差按对称分布，即 $\pm AT_\alpha/2 = \pm16.5''$。

选用两圆柱中心距 $L = 100$ mm 的正弦尺进行测量，则根据式（11-1）计算得量块组的尺寸 $h = 28.559$ mm。

参看图 11-2，用千分表在圆锥表面上沿圆周均布的三条最高素线上相距 100 mm 的两端分别测取三次示值：M_{A1} 为 $+1$ μm，M_{B1} 为 $+9$ μm；M_{A2} 为 -1 μm，M_{B2} 为 $+6$ μm；M_{A3} 为 $+1$ μm，M_{B3} 为 -5 μm。

由式（11-2）计算出圆锥角实际偏差 $\Delta\alpha_1 = 206\times[(+1)-(+9)]\div100 = -16.48''$，$\Delta\alpha_2 = -14.42''$，$\Delta\alpha_3 = +12.36''$。因此，被测圆锥角实际偏差在圆锥角极限偏差范围内，实际圆锥角合格。

五、思考题

1. 本实验采用的测量方法属于哪种测量方法？其特点是什么？

2. 用正弦尺测量圆锥角时引起测量误差的因素主要有哪些？试进行误差分析。用钢板尺测量圆锥最高的素线上 A、B 两点间的距离是否合理？

第六章　圆柱螺纹测量

实验十二　在大型工具显微镜上用影像法测量外螺纹

一、实验目的

1. 了解工具显微镜的结构和工作原理。
2. 熟悉用大型工具显微镜测量外螺纹主要几何参数的方法。
3. 掌握螺纹测量数据的处理方法,加深对螺纹作用中径概念的理解。

二、量仪说明和测量原理

　　工具显微镜具有直角坐标测量系统、光学系统和瞄准装置、角度测量装置。直角坐标测量系统由纵向、横向标准量和可移动的工作台构成。被测工件的轮廓用光学系统投影放大成像后,由瞄准装置瞄准被测轮廓的某一几何要素,从标准量细分装置上读出纵、横两个方向的坐标值,然后移动工作台及安装在其上的被测工件,瞄准被测轮廓的另一几何要素并读

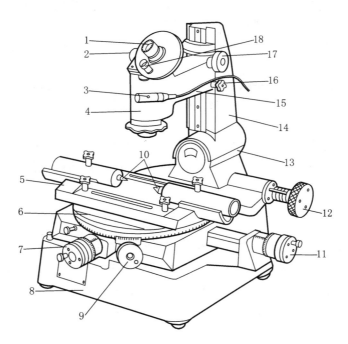

图 12-1　大型工具显微镜

1—目镜;2—米字线旋转手轮;3—角度读数目镜光源;4—显微镜筒;5—顶尖座;6—圆工作台;7—横向千分尺;8—底座;9—圆工作台转动手轮;10—顶尖;11—纵向千分尺;12—立柱倾斜手轮;13—连接座;14—立柱;15—支臂;16—紧定螺钉;17—升降手轮;18—角度示值目镜

出其坐标值,则被测轮廓上这两个要素之间的距离即可确定。被测轮廓上某两要素间的角度的数值由瞄准装置和角度测量装置读出。

工具显微镜适用于测量线性尺寸及角度,可测量螺纹、样板和孔、轴等。按测量精度和测量范围,工具显微镜分为小型、大型和万能工具显微镜。在工具显微镜上使用的测量方法有影像法、轴切法、干涉法等。

本实验的内容是在大型工具显微镜上用影像法测量外螺纹的主要几何参数。

图 12-1 为大型工具显微镜的外形图。它的主要组成部分为:底座;立柱;工作台及纵向、横向千分尺;光学投影系统和显微镜系统。

图 12-2 为大型工具显微镜的光学系统图,由光源 1 发出的光束经光阑 2、滤光片 3、反射镜 4、聚光镜 5 成为平行光束,透过玻璃工作台 6 后,对被测工件进行投影。被测工件的投影轮廓经物镜组 7、反射棱镜 8 放大成像于目镜 10 焦平面处的目镜分划板 9 上。通过目镜 10 观察到放大的轮廓影像,在角度示值目镜 11 中读取角度值。此外,可用反射光源照亮被测工件的表面,同样可通过目镜 10 观察到被测工件轮廓的放大影像。

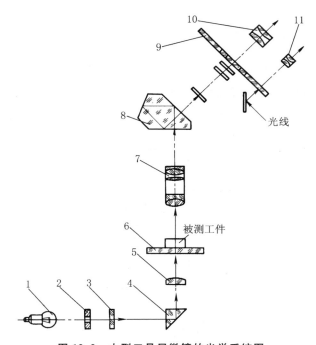

图 12-2 大型工具显微镜的光学系统图

1—光源;2—光阑;3—滤光片;4—反射镜;5—聚光镜;6—玻璃工作台;7—物镜组;
8—反射棱镜;9—目镜分划板;10—目镜;11—角度示值目镜

影像法测量螺纹是指由照明系统射出的平行光束对被测螺纹进行投影,由物镜将螺纹投影轮廓放大成像于目镜 10 的视场中,用目镜分划板上的米字线瞄准螺纹牙廓的影像,利用工作台的纵向、横向千分尺和角度示值目镜读数,来实现螺纹中径、螺距和牙侧角的测量。

三、实验步骤(参看图 12-1)

1. 经变压器接通电源,调节视场及调整物镜组的工作距离转动目镜 1 上的视场调节环,使视场中的米字线清晰。把调焦棒(图 12-3)安装在两个顶尖 10 之间,把它顶紧但可稍微转动,切勿让它掉下,以免打碎玻璃。移动工作台 6,使调焦棒中间小孔内的刀刃成像在目镜 1 的视场中。松开紧定螺钉 16,之后用升降手轮 17 使支臂 15 缓慢升降,直至调焦棒内的刀刃清晰地成像在目镜 1 的视场中。然后取下调焦棒,将被测螺纹工件安装在两个顶尖 10 之间。

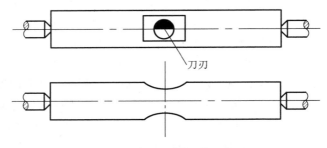

刀刃

图 12-3　用调焦棒对焦示意图

2. 根据被测螺纹的中径,选取适当的光阑孔径,调整光阑的大小

光阑孔径见表 12-1。

3. 用立柱倾斜手轮 12 把立柱 14 倾斜成螺纹升角,使牙廓两侧的影像都清晰

螺纹升角 φ 由表 12-2 查取或按公式计算,$\varphi = \arctan[(nP)/(\pi d_2)]$,式中 n 为螺纹线数;P 为螺距基本值(mm);d_2 为中径基本尺寸(mm)。倾斜方向视螺纹旋向(右旋或左旋)而定。

表 12-1　光阑孔径(牙型角 $\alpha = 60°$)

螺纹中径 d_2(mm)	10	12	14	16	18	20	25	30	40
光阑孔径(mm)	11.9	11	10.4	10	9.5	9.3	8.6	8.1	7.4

表 12-2　立柱倾斜角 φ(牙型角 $\alpha = 60°$,单线)

螺纹大径 d(mm)	10	12	14	16	18	20	22	24	27	30	36	42
螺距基本值 P(mm)	1.5	1.75	2	2	2.5	2.5	2.5	3	3	3.5	4	4.5
立柱倾斜角 φ	3°01′	2°56′	2°52′	2°29′	2°47′	2°27′	2°13′	2°27′	2°10′	2°17′	2°10′	2°07′

4. 测量时采用压线法和对线法瞄准

参看图 12-4a,压线法是把目镜分划板上的米字线的中虚线 A - A 转到与牙廓影像的牙侧方向一致,并使中虚线 A - A 的一半压在牙廓影像之内,另一半位于牙廓影像之外,它用于测量长度。参看图 12-4b,对线法是使米字线的中虚线 A - A 与牙廓影像的牙侧间有一条宽度均匀的细缝,它用于测量角度。

5. 测量螺纹中径

测量中径是沿螺纹轴线的垂直方向测量螺纹两个相对牙廓侧面间的距离。该距离用压线法测量:如图 12-1 所示,转动纵向千分尺 11 和横向千分尺 7,移动工作台 6,使被测牙廓影像出现在视场中。再转动手轮 2,使目镜分划板上的米字线的中虚线 A - A 瞄准牙廓影像的一个侧面(如图 12-5 上部所示),记下横向千分尺 7 的第一次示值。然后把立柱 14 反转一个螺旋升角 φ,转动横向千分尺 7,移动工作台 6 及安装在其上的螺纹工件,把中虚线

A-A 瞄准螺纹轴线另一侧的同向牙廓侧面(如图 12-5 下部所示),记下横向千分尺 7 的第二次示值。以这两次示值的差值作为中径的实际尺寸。

为了消除被测螺纹轴线与量仪测量轴线不重合所引起的安装误差的影响,应在牙廓左、右侧面分别测出中径 $d_{2左}$ 和 $d_{2右}$,取两者的平均值作为中径的实际尺寸 $d_{2实际}$,即

$$d_{2实际} = \frac{d_{2左} + d_{2右}}{2}$$

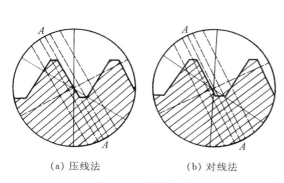

(a) 压线法　　　　　(b) 对线法

图 12-4　瞄准方法

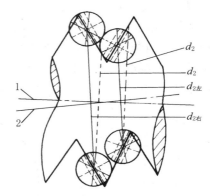

图 12-5　压线法测量中径

1—螺纹轴线;2—测量轴线;d_2—垂直于螺纹轴线的中径

6. 测量螺纹螺距

螺距是指相邻两同侧牙廓侧面在中径线上的轴向距离。该距离用压线法测量:如图 12-1 所示,转动手轮 2,使目镜分划板上的米字线的中虚线 A-A 瞄准牙廓影像的一个侧面(图 12-6),记下纵向千分尺 11 的第一次示值。然后转动纵向千分尺 11,移动工作台 6 及安装在其上的螺纹工件,再把中虚线 A-A 瞄准相邻牙廓影像的同向侧面,记下纵向千分尺 11 的第二次示值。这两次示值的差值即为螺距的实际值。

同样,为了消除螺纹工件安装误差的影响,应在牙廓左、右侧面分别测出螺距 $P_左$ 和 $P_右$,取两者的平均值作为螺距的实际值 $P_{实际}$,即

$$P_{实际} = \frac{P_{实际左} + P_{实际右}}{2}$$

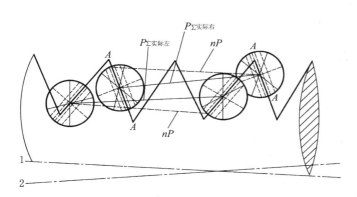

图 12-6　压线法测量螺距

1—螺纹轴线;2—测量轴线

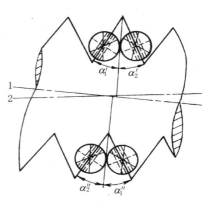

图 12-7　对线法测量牙侧角

1—螺纹轴线;2—测量轴线

依次测量出螺纹的每一个螺距偏差 $\Delta P = P_{实际} - P$(式中 P 为螺距基本值),并将它们依次累加(代数和),则累计值中最大值与最小值的代数差的绝对值即为螺距累积误差 ΔP_Σ。实际上,可用在螺纹全长范围内或在螺纹旋合长度范围内,n 个螺距之间的实际距离 $P_{\Sigma实际}$ 与其基本距离 nP 之差的绝对值作为螺距累积误差 ΔP_Σ,即

$$\Delta P_\Sigma = \mid P_{\Sigma实际} - nP \mid$$

7. 测量螺纹牙侧角

牙侧角是指在螺纹牙型上,牙侧与螺纹轴线的垂线间的夹角。牙侧角用对线法测量:如图 12-1 所示,当角度示值目镜 18 中显示的示值为 0°0′时,则表示目镜分划板上的米字线的中虚线 $A - A$ 垂直于工作台纵向轴线。把中虚线 $A - A$ 瞄准牙廓影像的一个侧面(图 12-7),此时目镜中的示值即为该侧的牙侧角实际值(测角读数方法见图 11-8)。

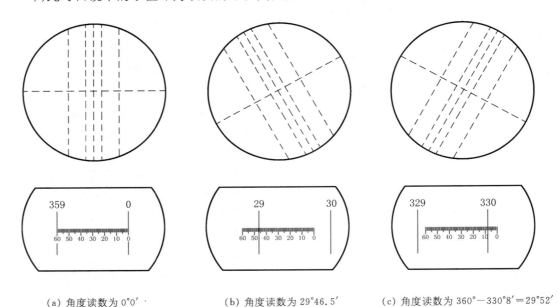

(a) 角度读数为 0°0′　　　　(b) 角度读数为 29°46.5′　　　(c) 角度读数为 360°−330°8′＝29°52′

图 12-8　测角读数示例

为了消除螺纹工件安装误差的影响,应在图 12-7 所示的四个位置测量出牙侧角 α_1'、α_2'、α_1''、α_2'',并按下式计算左牙侧角 α_1 和右牙侧角 α_2:

$$\alpha_1 = \frac{\alpha_1' + \alpha_1''}{2}, \quad \alpha_2 = \frac{\alpha_2' + \alpha_2''}{2}$$

将 α_1、α_2 分别与牙侧角基本值 $\frac{\alpha}{2}$ 比较,则求得左、右牙侧角偏差为

$$\Delta\alpha_1 = \alpha_1 - \frac{\alpha}{2}, \quad \Delta\alpha_2 = \alpha_2 - \frac{\alpha}{2}$$

8. 判断被测螺纹的合格性

按泰勒原则判断普通螺纹的合格条件是:实际螺纹的作用中径不超出最大实体牙型的中径,并且实际螺纹上的任何部位的单一中径不超出最小实体牙型的中径。若本实验的内容为测量普通外螺纹,则可以按 $d_{2m} \leqslant d_{2max}$ 且 $d_{2s} \geqslant d_{2min}$ 判断合格性(式中 d_{2m} 和 d_{2s} 分别为

实际螺纹的作用中径和单一中径;$d_{2\max}$ 和 $d_{2\min}$ 分别为被测螺纹中径的上、下极限尺寸)。

对于特定的螺纹(如螺纹量规的螺纹),应按图样上给定的各项极限偏差或公差分别判断所测出的对应各项实际偏差或误差的合格性。

四、数据处理和计算示例

在大型工具显微镜上测量普通外螺纹 M16×1.5—4h 的中径、螺距和牙侧角。其中径基本尺寸 $d_2 = 15.026\,\text{mm}$,中径公差 $T_{d_2} = 90\,\mu\text{m}$,中径基本偏差(上极限偏差) es $= 0$,下极限偏差 ei $=$ es $- T_{d_2} = -90\,\mu\text{m}$。因此,中径上极限尺寸 $d_{2\max} = d_2 +$ es $= 15.026\,\text{mm}$,下极限尺寸 $d_{2\min} = d_2 +$ ei $= 14.936\,\text{mm}$。

1. 螺距测量数据及其处理

依次在螺纹影像的 11 个牙廓中点上瞄准,并从纵向千分尺读数,测得这 11 个螺距的数据及相应的数据处理,见表 12-3。

表 12-3 螺距测量数据处理

牙序 i	纵向读数值 r_i (mm)	实测螺距值 P_i (mm)	单个螺距偏差 ΔP_i (μm)	螺距偏差逐牙累计值 $\sum_{i=1}^{j}(\Delta P_i)$, $j = 1, 2, \cdots, 10$ (μm)
0	0.103			
1	1.608	1.505	+5	+5
2	3.106	1.498	−2	+3
3	4.608	1.502	+2	+5
4	6.113	1.505	+5	+10
5	7.609	1.496	−4	+6
6	9.106	1.497	−3	+3
7	10.601	1.495	−5	−2
8	12.099	1.498	−2	−4
9	13.595	1.496	−4	−8
10	15.089	1.494	−6	−14

根据数据处理结果,得到以下值。

单个螺距的最大、最小实际偏差值:

$$\Delta P_{\max} = +5\,\mu\text{m}; \quad \Delta P_{\min} = -6\,\mu\text{m}$$

螺距累积误差:

$$\Delta P_{\Sigma} = |+10\,\mu\text{m} - (-14\,\mu\text{m})| = 24\,\mu\text{m} = 0.024\,\text{mm}$$

2. 牙侧角测量数据及其处理

在图 12-7 所示的四个牙侧角位置读得的角度示值 α_1'、α_2'、α_1''、α_2'' 分别为 29°51′、229°40′、230°15′、30°14′。则

$$\alpha_1 = [29°51' + (360° - 230°15')]/2 = 29°48'$$
$$\alpha_2 = [(360° - 229°40') + 30°14']/2 = 30°17'$$
$$\Delta\alpha_1 = 29°48' - 30° = -12'$$
$$\Delta\alpha_2 = 30°17' - 30° = +17'$$

3. 中径测量数据及其处理

在图 12-5 所示位置测出的 $d_{2左}$ 和 $d_{2右}$ 分别为 14.948 mm 和 14.962 mm。因此

$$d_{2实际} = (14.948 + 14.962)/2 = 14.955 \text{ mm}$$

4. 判断被测螺纹的合格性

根据泰勒原则，按 $d_{2m} \leqslant d_{2max}$ 且 $d_{2s} \geqslant d_{2min}$ 判断合格性。其中，单一中径 d_{2s} 用所测的实际中径 $d_{2实际}$ 代替，作用中径按下式计算：

$$d_{2m} = d_{2s} + f_P + f_\alpha$$

式中　f_P——螺距累积误差的中径当量(mm)；

　　　　f_α——牙侧角偏差的中径当量(mm)。

螺距累积误差的中径当量按下式计算：

$$f_P = 1.732 \mid \Delta P_\Sigma \mid = 1.732 \times 0.024 = 0.042 \text{ mm}$$

牙侧角偏差的中径当量按下式计算：

$$f_\alpha = 0.073P(K_1 \mid \Delta\alpha_1 \mid + K_2 \mid \Delta\alpha_2 \mid) = 0.073 \times 1.5(3 \times \mid -12' \mid + 2 \times \mid +17' \mid)$$
$$= 7.7 \ \mu m \approx 0.008 \text{ mm}$$

$$d_{2m} = d_{2s} + f_P + f_\alpha = 14.955 + 0.042 + 0.008 = 15.005 \text{ mm}$$

由此可见，$d_{2m} = 15.005 \text{ mm} < d_{2max} = 15.026 \text{ mm}$，能够保证旋合性；且 $d_{2s} = 14.955 \text{ mm} > d_{2min} = 14.936 \text{ mm}$，能够保证连接强度。所以，该外螺纹合格。

五、思考题

1. 影像法测量螺纹时，工具显微镜的立柱为什么要倾斜一个螺纹升角？

2. 在工具显微镜上测量外螺纹的主要几何参数时，为什么要在牙廓影像左、右侧面分别测取数据，然后取它们的平均值作为测量结果？

实验十三　用三针法测量外螺纹的单一中径

一、实验目的

1. 熟悉三针法测量外螺纹单一中径的原理和方法。

2. 了解杠杆千分尺的结构并熟悉其使用方法。

二、测量原理与量仪说明

用三针法测量外螺纹单一中径属于间接测量。测量时，将三根直径相同且精度很高的量针分别放入被测螺纹的直径两边相对的牙槽中，如图 13-1a 所示。然后，用接触式量仪(如卧式或立式测长仪、卧式或立式光学比较仪、杠杆千分尺)对针距 M 进行测量。根据被测螺纹螺距的基本值 P、牙型角的基本值 α 和量针的直径 d_0，按下式计算出螺纹的单一中径 d_{2s}。

$$d_{2s} = M - d_0 \left(1 + \frac{1}{\sin\frac{\alpha}{2}}\right) + \frac{P}{2}\cot\frac{\alpha}{2} \tag{13-1}$$

为了减少或避免被测螺纹牙侧角偏差对三针测量结果的影响,应选择最佳直径的量针,使量针与被测螺纹牙槽接触的两个切点间的轴向距离等于 $P/2$,如图 13-1b 所示。因此,量针最佳直径 $d_{0(最佳)}$ 按下式计算:

$$d_{0(最佳)} = \frac{P}{2\cos\frac{\alpha}{2}} \tag{13-2}$$

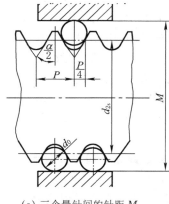
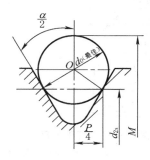

(a) 三个量针间的针距 M (b) 量针最佳直径 $d_{0(最佳)}$

图 13-1　用三针法测量外螺纹的单一中径

对于普通螺纹,牙型角的基本值 $\alpha = 60°$,则

$$d_{0(最佳)} = 0.577P \tag{13-3}$$

选用最佳直径 $d_{0(最佳)}$ 的量针测量普通螺纹时,由被测螺纹螺距的基本值 P 和测得的针距 M 按下式计算单一中径 d_{2s}:

$$d_{2s} = M - 3d_{0(最佳)} + 0.866P \tag{13-4}$$

为了使用方便,按式(13-3)计算出各种不同螺距的普通螺纹所对应的量针最佳直径,列于表 13-1。

表 13-1　测量普通螺纹时量针最佳直径 $d_{0(最佳)}$

螺距基本值 P(mm)	0.5	0.75	1	1.5	2	2.5	3	3.5	4	4.5	5	5.5	6
量针直径 $d_{0(最佳)}$(mm)	0.289	0.433	0.577	0.866	1.154	1.443	1.731	2.020	2.308	2.597	2.885	3.174	3.462

本实验采用杠杆千分尺测量外螺纹的单一中径,杠杆千分尺的外形如图 13-2 所示。它与外径千分尺有某些相似,由螺旋测微部分和杠杆齿轮机构部分组成。螺旋测微部分的微分筒 4 的分度值为 0.01 mm;杠杆齿轮机构部分的分度值为 0.001 mm 或 0.002 mm,由指示表 7 指示其示值。杠杆千分尺的示值是千分尺刻线套筒 3 的示值、微分筒 4 的示值与指示表 7 的示值三者之和。

三、实验步骤(参看图 13-2)

(1) 根据被测螺纹螺距的基本值,从表 13-1 查出量针最佳直径,从量针盒中选取该尺寸(或最接近该尺寸)的量针。把杠杆千分尺和三根量针分别装在尺座 6 和挂架 8 上,然后调整该千分尺的示值零位。

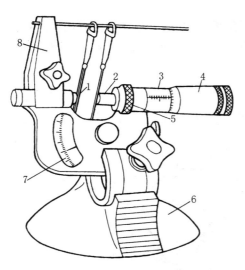

图 13-2 杠杆千分尺

1—固定量砧;2—活动量砧;3—刻线套筒;
4—微分筒;5—活动量砧锁紧环;6—尺座;
7—指示表;8—三针挂架

(2) 把三根量针分别放入被测螺纹的直径两边相对的牙槽中。在螺纹圆周上均布的三个轴向截面的互相垂直的两个方向测量针距 M,从杠杆千分尺的刻线套筒 3、微分筒 4 和指示表 7 的示值中读出针距 M 的数值。测取六个数据,取其中的最大值和最小值。然后用这两个数据分别计算螺纹单一中径 d_{2s} 的最大值和最小值,作为测量结果。

(3) 按螺纹的图样标注,根据螺纹中径的极限尺寸,判断被测螺纹单一中径的合格性。

四、数据处理和计算示例

在杠杆千分尺上用三针法测量 M16×2—5H 普通螺纹塞规通规的单一中径。该通规中径的基本尺寸和极限偏差为 $14.719_{-0.011}^{0}$ mm。

(1) 查表 13-1,被测螺纹塞规的螺距基本值为 2 mm,所对应的量针最佳直径为 1.154 mm,选用该尺寸的量针。

(2) 根据以上实验步骤测取六处针距的实际尺寸 $M_{实}$ 分别为:

16.443 mm,16.446 mm,16.442 mm,16.440 mm,16.442 mm,16.441 mm

其中 $M_{实max} = 16.446$ mm,$M_{实min} = 16.440$ mm。

(3) 按式(13-4)计算被测螺纹塞规的单一中径的最大值和最小值:

$$d_{2s(max)} = M_{实max} - 3d_{0(最佳)} + 0.866P$$
$$= 16.446 - 3 \times 1.154 + 0.866 \times 2 = 14.716 \text{ mm}$$

$$d_{2s(min)} = M_{实min} - 3d_{0(最佳)} + 0.866P$$
$$= 16.440 - 3 \times 1.154 + 0.866 \times 2 = 14.710 \text{ mm}$$

它们在被测螺纹塞规通规单一中径极限尺寸范围内,合格。

五、思考题

1. 用三针法测量螺纹单一中径时引起测量误差的主要因素有哪些?

2. 把杠杆千分尺用于比较测量,能否提高测量精度?

3. 影像法与三针法测量螺纹中径的结果有何差异?它们各有何优缺点?

第七章　圆柱齿轮测量

实验十四　齿轮单个齿距偏差和齿距累积总偏差的测量

一、实验目的

1. 了解用光学分度头、双测头式齿距比较仪或万能测齿仪的结构并熟悉使用它测量齿轮齿距偏差的方法。

2. 加深对齿轮单个齿距偏差和齿距累积总偏差的定义的理解。

3. 掌握根据被测齿轮齿距偏差测量数据求解单个齿距偏差和齿距累积总偏差的方法。

二、单个齿距偏差和齿距累积总偏差及它们的合格条件

单个齿距偏差 Δf_{pt} 是指在齿轮端平面上,接近齿高中部的一个与齿轮基准轴线同心的圆上,实际齿距与理论齿距的代数差,如图 14-1 所示(图中虚线齿廓表示理论齿廓,实线齿廓表示实际齿廓),取其中绝对值最大的数值 $\Delta f_{pt\,max}$ 作为评定值。

齿距累积总偏差 ΔF_p 是指在齿轮端平面上,接近齿高中部的一个与齿轮基准轴线同心的圆上,任意两个同侧齿面间的实际弧长与理论弧长的代数差中的最大绝对值,如图 14-2 所示(虚线齿廓表示理论齿廓,实线齿廓表示实际齿廓)。

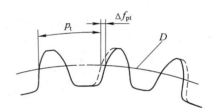

图 14-1　齿轮单个齿距偏差 Δf_{pt}

D—与齿轮基准轴线同心的圆;
p_t—理论齿距

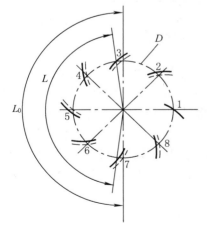

（a）齿距在圆周上的分布

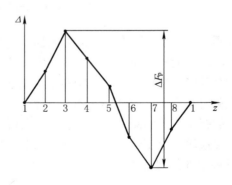

（b）齿距偏差曲线

图 14-2　齿轮齿距累积总偏差 ΔF_p

D—与齿轮基准轴线同心的圆;L_0—理论弧长;L—实际弧长;z—齿序(1, 2, 3,…, 8);Δ—轮齿实际位置对理论位置的偏差

按GB/T 10095.1—2008的规定，Δf_{pt}和ΔF_p分别是评定齿轮传动平稳性和传递运动准确性的强制性检测精度指标。它们的合格条件分别是：被测齿轮所有的Δf_{pt}都在单个齿距偏差允许值$\pm f_{pt}$的范围内（$-f_{pt} \leqslant \Delta f_{pt\,max} \leqslant +f_{pt}$）；$\Delta F_p$不大于齿距累积总偏差允许值$F_p$（$\Delta F_p \leqslant F_p$）。

齿距偏差可以用绝对法或相对法测量。

三、用光学分度头按绝对法测量齿轮齿距偏差

1. 绝对法测量齿距偏差的原理

绝对法测量是指把实际齿距直接与理论齿距比较，来获得齿距偏差的数值。测量时，用分度装置进行分度定位，它每转过一个理论齿距角，用指示表依次逐齿地测出各个齿距偏差的线性值（图14-3）。然后进行数据处理，求解Δf_{pt}和ΔF_p的数值。

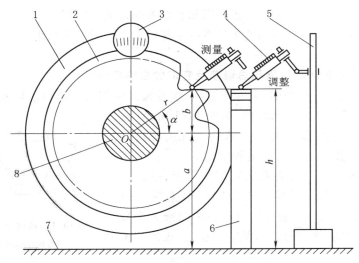

图14-3　用绝对法在分度装置上测量齿距偏差时的示意图

1—分度头；2—被测齿轮；3—显微镜；4—指示表；5—指示表表架；6—量块组；7—测量基准；
8—心轴；O—被测齿轮基准轴线（心轴轴线）

参看图14-3所示的齿距偏差测量原理图。首先将被测齿轮2安装在心轴8上（该齿轮基准孔与心轴成无间隙配合），再将该心轴安装在分度头1主轴顶尖与尾座顶尖之间，用这两个顶尖的公共中心线体现被测齿轮的基准轴线。然后，将尺寸为h的量块组6和指示表表架5放置在测量基准7上，利用量块组6调整指示表（杠杆型千分表）4的示值零位，再把调整好示值零位的指示表4的测头与起始被测齿面（任选一个齿面）接触来调整该齿面的位置，使测头位于被测齿轮的分度圆上。在这种情况下，能在齿面法线方向上测出齿距偏差数值（线性值）。

量块组6的尺寸h的计算公式如下：

$$h = a + b \tag{14-1}$$

式中　　a——顶尖中心高（被测齿轮基准轴线O至测量基准7的距离）；

　　　　b——分度圆上渐开线齿廓的曲率半径。

对于标准直齿圆柱齿轮,b 按下式计算:

$$b = r\sin\alpha = \frac{mz}{2}\sin\alpha \tag{14-2}$$

式中　r、m、z、α——被测齿轮的分度圆半径、模数、齿数、标准压力角。

测量时,使调整好示值零位的指示表 4 的测头与起始被测齿面在接近于 h 的高度上接触,然后按齿轮的径向,往复移动表架 5,同时转动被测齿轮 2,直到测头在该齿面上找到最高点(指针回转的转折点)时为止。这时指示表的示值应为零,从显微镜 3 中读出并记下分度头 1 显示的起始定位角的度数。

按被测齿轮的齿数 z,将分度头回转 $360°/z$(显微镜 3 中显示"起始定位角的度数$+360°/z$"),用调整好示值零位的指示表 4 测量第 2 个同侧齿面。使它的测头与这个齿面接触,然后往复移动表架 5,找到最高点后读取指示表示值,并记录该示值。

按上述方法依次测量第 3 个及其余的同侧齿面。每将分度头回转 $360°/z$,用指示表测量一次,读数一次,并记录指示表示值。然后,根据所记录的 z 个示值,进行数据处理,求解被测齿轮的 Δf_{pt} 和 ΔF_p 的数值。

2. 数据处理和计算示例

采用图 14-3 所示的测量装置,用绝对法测量一个齿数为 12 的直齿圆柱齿轮左齿面的各个实际齿距。用分度头进行分度定位,以轮齿 1 作为起始轮齿,指示表对它的左齿面测得的示值为 0。在这以后,分度头每回转 30°,用调整好示值零位的指示表依次测量其余轮齿的左齿面,测得的示值(测量数据)列于表 14-1 第 4 行。

数据处理中的计算见表 14-1 第 5 行。数据处理结果见表 14-1 第 4 行和第 5 行。

表 14-1　用绝对法测量齿距时的数据及数据处理结果

轮齿序号	1→2	1→3	1→4	1→5	1→6	1→7	1→8	1→9	1→10	1→11	1→12	1→1
齿距序号 p_i	p_1	p_2	p_3	p_4	p_5	p_6	p_7	p_8	p_9	p_{10}	p_{11}	p_{12}
分度头累计回转角 θ_i=起始定位角$+i\times360°/z$(度)	30	60	90	120	150	180	210	240	270	300	330	360 (即 0°)
指示表示值 Δp_i(齿距偏差逐齿累计,μm)	-8	-10	$\boxed{-20}$	-16	-7	-5	$+6$	$+12$	$\boxed{+18}$	$+8$	$+5$	0
$\Delta f_{pti}=\Delta p_i-\Delta p_{i-1}$(实际齿距与理论齿距的代数差,$\mu m$)	-8	-2	-10	$+4$	$+9$	$+2$	$\boxed{+11}$	$+6$	$+6$	-10	-3	-5

注:本例设分度头起始定位角为 0°;$i=1,2,3,\cdots,12$。

齿距累积总偏差 ΔF_p 等于指示表所有示值 Δp_i 中的正、负极值之差,即

$$\Delta F_p = (+18) - (-20) = 38 \ \mu m$$

各个齿距的单个齿距偏差 Δf_{pti} 为指示表对某齿距(序号为 i)与它后面相邻的齿距(序号为"$i-1$")测得的示值的代数差,其中

$$\Delta f_{pt7} = \Delta f_{pt\,max} = (+6) - (-5) = +11 \ \mu m$$

应当指出:按定义,齿距偏差应以分度圆弧长计值,而不是齿面法线方向上的数值。因此,上述数据处理所得的 $\Delta f_{pt\,max}$ 和 ΔF_p 的数值皆除以 $\cos\alpha$ 或 0.94,才符合定义的规定。

3. 光学分度头的结构和使用

光学分度头的外形如图 14-4 所示。

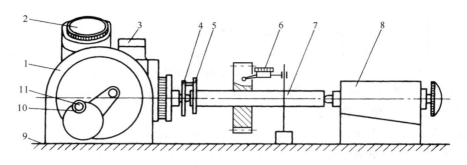

图 14-4 用光学分度头和杠杆指示表测量圆柱齿轮齿距偏差

1—分度头；2—读数装置(投影屏)；3—光源；4—分度头主轴顶尖上的拨杆；5—心轴 7 端部上的夹头；6—杠杆千分表；7—心轴；8—尾座；9—底座；10—主轴回转手轮；11—主轴微转手轮

光学分度头由分度头 1、尾座 8 和底座 9 组成。转动手轮 10 可使分度头主轴及其顶尖回转。在主轴上装有金属分度盘和玻璃分度盘。前者在分度头外面,后者在分度头里面,两者同步回转,但前者只能粗略读数。

从读数装置 2 可以看到玻璃分度盘刻线的影像并读出示值。尾座 8 可以沿底座 9 上的导向槽移动,尾座顶尖可以在其套筒中移动。

光学分度头的测量范围为 $0°\sim360°$,分度值有 $1'$、$10''$、$5''$、$2''$ 等几种。它用于在圆周上或任何角度内进行精密分度和测量角度。

本实验以分度头主轴的回转轴线作为测量基准。若被测齿轮为齿轮轴,则以其两端的中心孔定位,把它安装在主轴顶尖与尾座顶尖之间。如果被测齿轮为带孔的齿轮(图 14-4),则需先把它套在心轴 7 上(该孔与心轴成无间隙配合),再把心轴安装在主轴顶尖与尾座顶尖之间。

将杠杆千分表 6 的测头与被测齿面接触,以进行测量。用分度头主轴带动心轴 7 与被测齿轮作间断性的同步回转。主轴每转过 $360°/z$(z 为被测齿轮的齿数),测量一次,逐齿依次地进行测量。

4. 实验步骤(参看图 14-4)

(1) 根据被测齿轮的模数、齿数、标准压力角以及分度头顶尖的中心高,由式(14-1)计算出调整杠杆千分表示值零位并确定分度头起始定位角所用的量块组的尺寸 h(图 14-3)。然后,按计算出的尺寸 h 选取几块量块,组成量块组。

(2) 将被测齿轮安装在心轴 7 上(该齿轮基准孔与心轴间成无间隙配合),将夹头 5 安装在心轴 7 的一端,将拨杆 4 安装在分度头主轴的顶尖上。然后,将心轴 7 安装在主轴顶尖与尾座 8 顶尖之间,同时将夹头 5 与拨杆 4 连接,使心轴 7 不能轴向窜动,且不能相对于主轴顶尖转动,而只能与主轴同步回转。

(3) 通过变压器接通电源,使光源 3 照亮,从投影屏 2 能够观察显微镜放大的刻线影像。

(4) 将杠杆千分表 6 的表架和量块组放置在底座 9 的工作表面上。使杠杆千分表 6 的测头与量块组的顶面(测量面)接触(同时参看图 14-3),把杠杆千分表的指针压缩(正转)约 1/4 转,旋转杠杆千分表的表盘(分度盘),使表盘的零刻线对准指针,确定杠杆千分表的示值零位。

(5) 确定被测齿轮的起始测量位置和起始定位角的度数。

① 转动手轮 10 和 11,调整被测齿轮的某一个被测齿面至底座 9 工作表面的距离,用量块组进行目测比较,使该距离接近于 h 的高度(图 14-3)。之后,从底座 9 上撤去量块组。

② 转动手轮 10 后,微转手轮 11,使主轴及其顶尖回转,以调整被测齿面的位置。

将调整好示值零位的杠杆千分表 6 的测头与这被测齿面的中部接触,按被测齿轮的径向往复移动表架,以便测头在被测齿面上找出最高点(指针回转的转折点),直到测头与最高点接触时杠杆千分表示值为零为止。这时,从投影屏 2 上读出并记录它显示的起始定位角的度数。然后,使杠杆千分表的测头退出这被测齿面。

(6) 根据被测齿轮的齿数 z,转动手轮 10 和 11,使分度头回转 $360°/z$(这时投影屏 2 显示的度数为"起始定位角度数加上 $360°/z$"之和),然后用调整好示值零位的杠杆千分表 6 的测头与下一个齿面接触,按被测齿轮的径向往复移动表架,找到最高点后读取杠杆千分表示值,并记录该示值。

(7) 用上一步骤的方法,依次使分度头回转 $360°/z$ [投影屏 2 依次显示的度数为"起始定位角度数加上 $(i-1)360°/z$"之和,i 为被测轮齿的序号],逐齿依次测量第 3 个齿面和其余的齿面,并记录各次测量得到的杠杆千分表示值。

(8) 根据测得的 z 个示值,按表 14-1 的示例处理测量数据,求解被测齿轮的 $\Delta f_{pt\ max}$ 和 ΔF_p 的数值。

四、用双测头式齿距比较仪或万能测齿仪按相对法测量齿轮齿距偏差

1. 相对法测量齿距偏差的原理

相对法(比较法)测量是指以被测齿轮上任意一个实际齿距作为基准齿距,用它调整双测头式齿距比较仪(图 14-5)或万能测齿仪(图 14-6)指示表的示值零位。然后,用调整好示值零位的量仪依次逐齿地测量其余齿距对基准齿距的偏差。按圆周封闭原理(同一齿轮所有齿距偏差的代数和为零),进行数据处理,以指示表依次逐齿地测出的各个示值的平均值作为理论齿距,求解 Δf_{pt} 和 ΔF_p 的数值。

2. 数据处理和计算示例

用相对法测量一个齿数为 12 的直齿圆柱齿轮右齿面的各个实际齿距。以齿距 p_1 作为基准齿距,指示表对它测得的示值为零。用调整好示值零位的量仪依次逐齿地测量其余的所有齿距,指示表测得的示值(测量数据)列于表 14-2 的第 3 行。数据处理中的计算和结果见表 14-2 第 4 行、第 5 行和第 6 行。

各个齿距的单个齿距偏差 Δf_{pti} 为某齿距的指示表示值 Δp_i 与各个齿距示值的平均值 Δp_m 的代数差,其中

$$\Delta f_{pt11} = \Delta f_{pt\ max} = (+15) - (-4) = +19\ \mu m$$

表 14-2　用相对法测量齿距时的数据及数据处理结果

轮齿序号	1→2	2→3	3→4	4→5	5→6	6→7	7→8	8→9	9→10	10→11	11→12	12→1
齿距序号 p_i	p_1	p_2	p_3	p_4	p_5	p_6	p_7	p_8	p_9	p_{10}	p_{11}	p_{12}
指示表示值 Δp_i（实际齿距相对于基准齿距的偏差,μm）	0	+5	+5	+10	−20	−10	−20	−18	−10	−10	+15	+5
各示值的平均值 $\Delta p_m = \dfrac{1}{12}\sum\limits_{i=1}^{12}\Delta p_i$（μm）	$\Delta p_m = -\dfrac{48}{12} = -4$（相当于理论齿距）											
$\Delta f_{pti} = \Delta p_i - \Delta p_m$（实际齿距与理论齿距的代数差,μm）	+4	+9	+9	+14	−16	−6	−16	−14	−6	−6	+19	+9
$\Delta p_{\Sigma_j} = \sum\limits_{i=1}^{j}(\Delta f_{pti})$（齿距偏差逐齿累计值,μm），$(j=1,2,\cdots,12)$	+4	+13	+22	+36	+20	+14	−2	−16	−22	−28	−9	0

齿距累积总偏差 ΔF_p 等于齿距偏差逐齿累计值 Δp_{Σ_j} 中的正、负极值之差,即

$$\Delta F_p = (+36) - (-28) = 64\ \mu m$$

3. 用双测头式齿距比较仪测量时的实验步骤

参看图 14-5 所示的双测头式齿距比较仪。测量时,将被测齿轮和量仪都放置在平板上。量仪以被测齿轮的齿顶圆定位,将两个定位支脚 2 分别与齿顶圆接触,并适当调整它们的位置,以使固定测头 4 和活动测头 3 能够在接近齿高中部的一个尽量与被测齿轮基准轴线同心的圆上,分别与任选的相邻两个同侧齿面接触(以这两个同侧齿面间的齿距作为基准齿距),活动测头 3 的位移经量仪杠杆机构传递给指示表 7 的测杆。测量了基准齿距后,依次逐齿地测量其余的齿距,并记录每次测得的指示表示值。

(1)根据被测齿轮的模数,将固定测头 4 的位置调整到模数标尺的相应刻线上,然后用螺钉 6 紧固。将被测齿轮放置在平板上。

(2)将量仪以其底面上的三个圆销放置在平板上,使两个定位支脚 2 与被测齿轮的齿顶圆接触并调整它们的位置,以使活动测头 3 和固定测头 4 能够在接近齿高中部的一个尽量与被测齿轮基准轴线同心的圆上,分别与任选的相邻两个同侧齿面接触。之后,拧紧四个螺钉 5,使两个支脚 2 的位置固定。然后把指示表的指针压缩(正转)约半转,旋转指示表的表

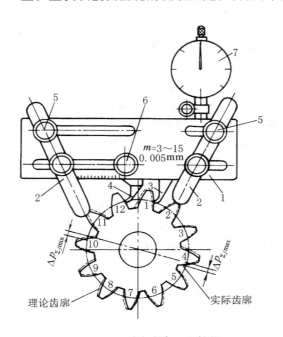

图 14-5　双测头式齿距比较仪

1—基体；2—定位支脚(共两个)；3—活动测头；4—位置可调整的固定测头；5—支脚 2 的紧固螺钉(共四个)；6—固定测头 4 的紧固螺钉；7—指示表

盘(分度盘),使表盘的零刻线对准指针,确定指示表的示值零位。

然后,将量仪的测头和定位支脚稍微移开齿轮,再重新使它们接触,以检查指示表示值的稳定性。这样重复三次,待指示表示值稳定后,再调整指示表示值零位。这时以所测齿距作为测量其余齿距的基准齿距。

(3) 用调整好示值零位的量仪依次逐齿地测量其余齿距相对于基准齿距的偏差 Δp_i（最好是对每个齿距测量两次,取两次示值的平均值),列表记录指示表的示值。测完所有的齿距后,应校对指示表示值零位。

(4) 根据测得的 z 个示值,按表 14-2 的示例处理测量数据,求解被测齿轮的 $\Delta f_{pt\,max}$ 和 ΔF_p 的数值。

4. 用万能测齿仪测量时的实验步骤

万能测齿仪的外形如图 14-6a 所示。量仪的弧形支架 7 可以绕基座 1 的垂直轴线旋转。支架 7 上装有两个顶尖,用于安装被测齿轮。支架 2 可以在水平面内做纵向和横向移动,其上装有带测量装置的工作台 4。工作台 4 能够作径向移动,用锁紧螺钉 3 可以将工作台 4 固定在任何位置上。当松开螺钉 3 时,靠弹簧的作用,工作台 4 就匀速地移动到测量位置。测量装置 5 上有一个固定量爪(b 图中的件 8)和一个能够与指示表 6 测头接触的可移动量爪(b 图中的件 9),用这两个量爪分别与两个相邻同侧齿面接触来进行测量。

万能测齿仪可以用来测量齿轮的齿距、齿轮径向跳动、基节和公法线长度等。参看图 14-6b,用万能测齿仪测量齿轮的齿距时,测量力是依靠连接在安装着被测齿轮心轴上的重锤 11 来保证的。

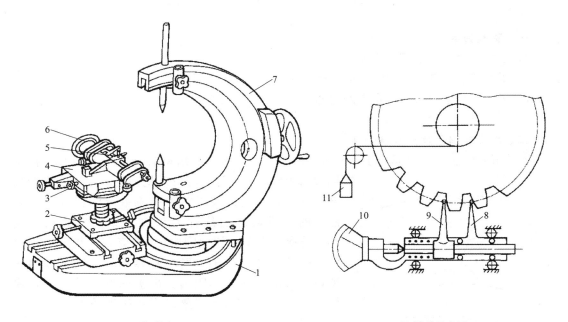

(a) 外形图　　　　　　　　　　　　　　　　(b) 测量示意图

图 14-6　万能测齿仪

1—基座;2—支架;3—锁紧螺钉;4—工作台;5—测量装置;6—指示表;7—弧形支架;
8—固定的球端量爪;9—可移的球端量爪;10—指示表;11—重锤

（1）参看图 14-6a，把安装着被测齿轮的心轴顶在量仪弧形支架 7 的两顶尖之间。移动工作台支架 2，并调整测量装置 5 上两个量爪的位置，使它们处于被测齿轮的相邻两个齿间内，且位于分度圆附近。

参看图 14-6b，在心轴上挂上重锤 11，使被测齿轮一个齿面紧靠在固定量爪 8 上。利用弹簧使活动量爪 9 与相邻的同侧齿面接触。

（2）参看图 14-6a，以任意一个齿距作为基准齿距，调整指示表 6 的示值零位。调整时，切向移动测量装置 5，直到两个量爪分别与两个同侧齿面接触，且指示表指针被压缩。然后径向移动工作台 4，使量爪进出齿距几次，以检查指示表示值的稳定性。

（3）测完第一个齿距（基准齿距）并退出两个量爪后，将被测齿轮转过一齿，逐齿测量其余齿距相对于基准齿距的偏差 Δp_i，列表记录指示表的示值。测量了所有的齿距后，应复查指示表示值零位。

（4）根据测得的 z 个示值，按表 14-2 的示例处理测量数据，求解被测齿轮的 $\Delta f_{pt\,max}$ 和 ΔF_p 的数值。

五、思考题

1. 按 GB/T 10095.1—2008 的规定，试述圆柱齿轮的各个强制性检测精度指标的名称。

2. 齿轮齿距偏差用光学分度头按绝对法测量和用双测头式齿距比较仪或用万能测齿仪按相对法测量，何者测量精度较高？试说明理由。

实验十五　齿轮齿廓总偏差的测量

一、实验目的

1. 了解齿廓偏差的测量原理。
2. 了解单盘式渐开线测量仪的结构并熟悉它的使用方法。
3. 加深对齿廓总偏差的定义的理解。

二、齿廓总偏差及其合格条件

在齿轮端平面内且在垂直于渐开线齿廓的方向上测得的实际齿廓对设计齿廓的偏离量叫做齿廓偏差。设计齿廓可以是理论渐开线或修形的渐开线。在专用量仪上测量齿廓偏差时得到的记录图上的齿廓偏差曲线称为齿廓迹线。齿廓总偏差 ΔF_α 是指在齿廓计值范围内（从齿廓有效长度内扣除齿顶倒棱部分），最小限度地包容实际齿廓迹线的两条设计齿廓迹线间的距离。齿廓偏差可以用渐开线测量仪将实际齿廓与该量仪形成的理论渐开线比较而测得。

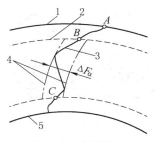

图 15-1　齿廓偏差

1—齿顶圆；2—齿顶修缘起始圆；3—实际齿廓；4—设计齿廓；5—齿根圆；AC—齿廓有效长度；AB—倒棱部分；BC—工作部分（齿廓计值范围）；ΔF_α—齿廓总偏差

参看图 15-1，包容实际齿廓 3 工作部分且距离为最小的两条设计齿廓 4 之间的法向距离为齿廓总偏差 ΔF_α。

按GB/T 10095.1—2008的规定,ΔF_α是评定齿轮传动平稳性的强制性检测精度指标。合格条件是:取所测各个齿面的ΔF_α中的最大值$\Delta F_{\alpha\max}$作为评定值,$\Delta F_{\alpha\max}$不大于齿廓总偏差允许值$F_\alpha(\Delta F_{\alpha\max} \leqslant F_\alpha)$。

三、齿廓偏差的测量原理和量仪说明

齿廓偏差的专用量仪有单盘式和万能式渐开线测量仪两种。单盘式对每种规格的被测齿轮需要一个专用的基圆盘;而万能式则不需专用的基圆盘,但其结构复杂,价格昂贵。本实验采用单盘式渐开线测量仪。

1. 单盘式渐开线测量仪的测量原理

参看图15-2a所示的齿廓偏差测量原理图。按被测齿轮3的基圆直径d_b精确制造的基圆盘2与被测齿轮3同轴安装,基圆盘2与相当于发生线的精密直尺1利用弹簧以一定的压力相接触。测量过程中,直尺1作直线运动,借摩擦力带动基圆盘2旋转,两者作纯滚动。因此,直尺工作面上与基圆盘相切的最初接触的切点相对于基圆盘运动的轨迹便是一条理论渐开线。测量开始时,直尺的P'点与基圆盘的B'点接触,以后两者在A'点接触。P'点相对于基圆盘运动的轨迹就是直尺从B'点运动到P'点的一段曲线$B'P'$,这就是一条理论渐开线。

直尺1作直线运动时,被测齿轮3与基圆盘2同步转动。测量开始时,杠杆4一端的测头与实际被测齿面的接触点正好落在直尺与基圆盘最初接触的切点上。杠杆4的另一端与指示表的测头接触,或者与记录器的记录笔连接。

当直尺1与基圆盘2沿箭头方向作纯滚动时,杠杆4一端的测头沿实际被测齿面从B点移动到P点。若实际被测齿面有齿廓偏差,则该测头就会相对于该实际被测齿面作微小摆动,摆动量反映给指示表的测头,由指示表指针的示值读出,或者反映给记录器的记录笔,由该记录笔画出该实际齿面的齿廓偏差曲线(即齿廓迹线)。

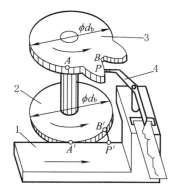
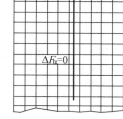
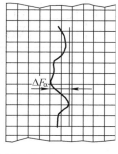

(a) 测量原理图 (b) 齿廓偏差曲线(齿廓迹线)

图15-2 在单盘式渐开线测量仪上测量齿廓偏差

1—直尺;2—基圆盘;3—被测齿轮;4—杠杆

如果BP齿廓的形状与$B'P'$轨迹一致,则杠杆4不摆动,这表示齿廓偏差为零,杠杆4另一端的记录笔笔尖遂在记录纸上画出一条与走纸方向平行的直线,它代表理论渐开线的展开图(见图15-2b的左图)。当BP齿廓的形状与$B'P'$轨迹不一致时,杠杆4就会摆动,这表示实际被测齿面有齿廓偏差,笔尖遂在记录纸上画出一条不规则的曲线或者画出一条与走纸方向

不平行的直线,它就是齿廓迹线(见图 15-2b 的右图)。齿廓总偏差的数值为笔尖的摆动范围所代表的数值。在记录纸上画出平行于走纸方向来包容齿廓迹线且距离为最小的两条平行线(设计齿廓迹线),这两条平行线间的距离所代表的数值即为齿廓总偏差 ΔF_α 的数值。

2. 单盘式渐开线测量仪的结构

单盘式渐开线测量仪的外形如图 15-3 所示。它由底座 16、纵滑板 8 和横滑板 13 等三部分组成。纵滑板上装有直尺 9 和测量装置;横滑板上装有心轴 2,心轴上装有基圆盘 3、被测齿轮 14 和齿廓展开角指针 11。

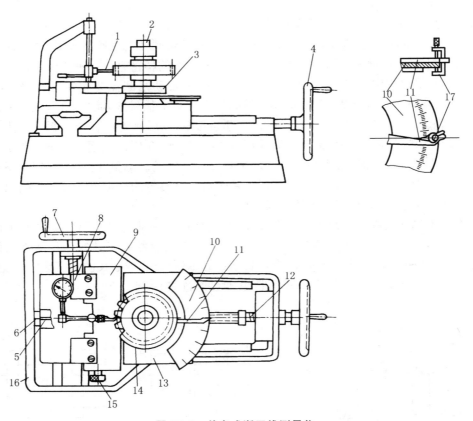

图 15-3　单盘式渐开线测量仪

1—杠杆;2—心轴;3—被测齿轮基圆盘;4、7—手轮;5—纵滑板中心指示线;6—底座中心指示线;8—纵滑板;9—直尺;10—齿廓展开角指示盘;11—展开角指针;12—弹簧;13—横滑板;14—被测齿轮;15—螺钉;16—底座;17—指针夹

四、实验步骤

1. 确定齿廓测量范围

测量齿廓偏差时,只需测量齿面的工作部分。对于不同标准压力角 α 和变位系数 x 的齿轮,量仪以展开角来确定齿廓的测量范围。现将标准压力角为 $20°$ 的标准齿轮与齿条啮合计算得到的齿廓展开角列于表 15-1。

2. 调整量仪(参看图 15-3)

调整量仪时,首先把量仪的两个附件调试基圆盘 3 和样板 19 先后安装在心轴 2 上(图

15-4),调试基圆盘放在下面,样板放在上面。

表 15-1 齿廓展开角

(标准压力角 $\alpha = 20°$;变位系数 $x = 0$)

齿数 z	起始点展开角 ϕ_0	终止点展开角 ϕ_n	有效展开角 ϕ	齿数 z	起始点展开角 ϕ_0	终止点展开角 ϕ_n	有效展开角 ϕ
17	0°	36.893°	36.893°	34	10.367°	29.751°	19.384°
18	1.046°	36.152°	35.106°	35	10.667°	29.528°	18.861°
19	2.088°	35.479°	33.391°	36	10.950°	29.316°	18.366°
20	3.027°	34.866°	31.839°	37	11.218°	29.115°	17.897°
21	3.876°	34.304°	30.428°	38	11.471°	28.923°	17.452°
22	4.647°	33.787°	29.140°	39	11.712°	28.740°	17.028°
23	5.352°	33.310°	27.958°	40	11.940°	28.565°	16.625°
24	5.998°	32.868°	26.870°	41	12.158°	28.398°	16.240°
25	6.592°	32.458°	25.866°	42	12.365°	28.238°	15.873°
26	7.141°	32.076°	24.935°	43	12.562°	28.085°	15.523°
27	7.649°	31.718°	24.070°	44	12.751°	27.938°	15.188°
28	8.120°	31.384°	23.264°	45	12.931°	27.797°	14.867°
29	8.559°	31.070°	22.511°	46	13.103°	27.662°	14.559°
30	8.969°	30.775°	21.806°	47	13.268°	27.532°	14.264°
31	9.352°	30.497°	21.144°	48	13.426°	27.407°	13.981°
32	9.712°	30.234°	20.523°	49	13.578°	27.287°	13.709°
33	10.050°	29.986°	19.937°	50	13.723°	27.171°	13.448°

调整的目的是调整杠杆 1 测头的伸出长度,使它的端点恰好落在调试基圆盘 3 与直尺 9 的切点上。同时,在此位置上将指示表的指针压缩(正转)约半转,确定指示表的示值零位;并将展开角指针 11 指向指示盘 10 的零度刻线。

调整步骤如下:

(1) 转动手轮 7,使纵滑板中心指示线 5 与底座中心指示线 6 对齐。

(2) 调整杠杆 1 测头的伸出长度。如图 15-4,将样板 19 的圆弧面 A 正对杠杆 1 的测头。转动手轮 4 使调试基圆盘 3 和样板 19 同时靠近直尺 9。利用杠杆 1 上的螺母 18 调整其测头伸出长度,并轻轻地来回摆动杠杆测头,直至调试基圆盘 3 与直尺 9 紧密接触时杠杆测头的端点恰好与样板的圆弧面 A 相切为止。然后,把螺母 18 紧固,并使样板向后退。

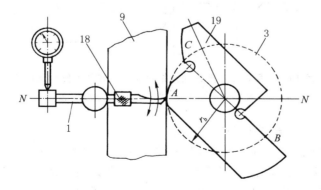

图 15-4 调整杠杆测头伸出长度

1—杠杆;3—调试基圆盘;9—直尺;18—螺母;19—样板;r_b—基圆半径

（3）确定指示表的示值零位。将展开角指针 11 拨到展开角指示盘 10 的零度刻线，并用指针夹 17 将该指针与指示盘固定。然后，如图 15-5，将样板 19 的径向平面 B 转动到垂直于直尺 9 的方向，并且与杠杆 1 测头的端点接触，将指示表的指针压缩（正转）约半转。再转动手轮 4 使样板作横向往复移动，观察指示表的指针是否摆动。如果摆动，则松开指针夹 17，重新调整样板径向平面 B 的位置，直至样板横向移动时指示表指针不动为止。转动指示表的表盘（分度盘），把表盘的零刻线对准指针，以这时指示表指针所示的示值为零位示值。之后，使样板向后退。

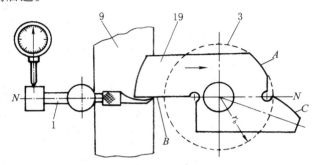

图 15-5　确定指示表示值零位

1—杠杆；3—调试基圆盘；9—直尺；19—样板

（4）检查指示表示值零位的正确性。如图 15-6，将样板 19 的理论渐开线齿面 C 转向杠杆 1 的测头，转动手轮 4 使调试基圆盘 3 与直尺 9 压紧，并使齿面 C 与杠杆 1 测头的端点接触，同时使指示表指针所指示的示值恢复为上述第（3）步骤调整到的零位示值。松开指针夹 17，转动手轮 7 使直尺 9 移动，则它与调试基圆盘作纯滚动。在直尺移动过程中，指示表指针所指示的示值对零位示值的偏差应在 $\pm 1\ \mu\mathrm{m}$ 范围内，这表示量仪调整正确。

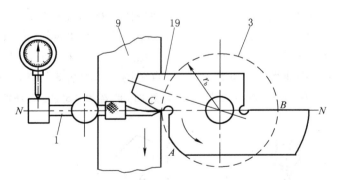

图 15-6　用样板渐开线检查指示表示值零位调整的正确性

1—杠杆；3—调试基圆盘；9—直尺；19—样板

3. 测量被测齿面（参看图 15-3）

（1）反向转动手轮 4 和转动手轮 7，取下调试基圆盘和样板，将被测齿轮基圆盘 3 和被测齿轮 14 安装在心轴 2 上。将心轴上的螺母稍加旋紧，以备调整时被测齿轮尚能在心轴上转动。

（2）转动手轮 7，使两条中心指示线 5 与 6 对齐；将展开角指针 11 对准指示盘 10 的零度刻线。转动手轮 4 使被测齿轮基圆盘 3 与直尺 9 紧贴（它们接触后，还需把手轮 4 继续旋转半转）。

（3）在心轴 2 上转动被测齿轮 14，使实际被测齿面与杠杆 1 测头的端点接触，同时使指示表示值恢复为零位示值。然后旋紧心轴上的螺母，以压紧被测齿轮，使它与心轴不能产生相对运动。

（4）转动手轮 7 将实际被测齿廓展开。从起始展开角 ϕ_f 开始，在有效展开角 ϕ_e 范围内，按实际被测齿面的测点数目 n，被测齿轮每转过 ϕ/n，读取指示表上的相应示值。在整个 ϕ 角范围内指示表最大与最小示值之差即为齿廓总偏差 ΔF_α 的数值。

在被测齿轮圆周上测量均布的三个轮齿或更多轮齿左、右齿面的齿廓总偏差，取其中的最大值作为评定值。

五、思考题

1. 本实验中如何实现基圆盘与直尺间的纯滚动？
2. 量仪上杠杆测头端点的位置调整不准确对齿廓偏差的测量结果有什么影响？

实验十六　齿轮螺旋线总偏差的测量

一、实验目的

1. 熟悉使用卧式齿轮径向跳动测量仪来测量直齿圆柱齿轮螺旋线总偏差（轮齿螺旋角为零度）的方法。
2. 加深对齿轮螺旋线总偏差的定义的理解。

二、直齿圆柱齿轮的螺旋线总偏差及其合格条件

在齿轮端面基圆切线方向测得的实际螺旋线对设计螺旋线的偏离量叫做螺旋线偏差。在专用量仪上测量螺旋线偏差时得到的记录图上的螺旋线偏差曲线称为螺旋线迹线。齿轮螺旋线总偏差 ΔF_β 是指在计值范围内（在齿宽上从轮齿两端各扣除倒角或修缘部分），最小限度地包容实际螺旋线迹线的两条设计螺旋线迹线间的距离。

按 GB/T 10095.1—2008 的规定，ΔF_β 是评定轮齿载荷分布均匀性的强制性检测精度指标。合格条件是：取所测各齿面的 ΔF_β 中的最大值 $\Delta F_{\beta \max}$ 作为评定值，$\Delta F_{\beta \max}$ 不大于螺旋线总偏差允许值 $F_\beta（\Delta F_{\beta \max} \leqslant F_\beta）$。

对于直齿轮，轮齿螺旋角等于 0°。因此，其设计螺旋线是一条直线，它平行于齿轮基准轴线。参看图 16-1，直齿轮的螺旋线总偏差 ΔF_β 是指在基圆柱的切平面内，在计值范围内包容实际螺旋线（实际齿向线）且距离为最小的两条设计螺旋线（直线）之间的法向距离。

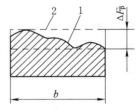

图 16-1　直齿轮的螺旋线总偏差 ΔF_β

1—实际螺旋线；2—设计螺旋线（两条虚线）；b—齿宽

三、直齿圆柱齿轮螺旋线总偏差的测量方法

直齿轮的螺旋线偏差可以用卧式齿轮径向跳动测量仪和杠杆型千分表测量，如图 16-2 所示。被测直齿轮 1 安装在心轴 5 上（该齿轮的基准孔与心轴成无间隙配合），心轴 5 安装

在顶尖座 3 与 6 的顶尖之间。这两个顶尖的公共中心线体现被测直齿轮 1 的基准轴线。测量时,杠杆型千分表 2 的测头与被测直齿轮 1 的齿面在接近分度圆的圆上接触,在该齿轮不转动的条件下,使实际被测齿面与测头在齿宽计值范围内,从一端的 A 点到另一端的 B 点,或者从 B 点到 A 点,作相对轴向直线运动,测取这千分表示值中最大与最小示值的差值。它是齿轮端面分度圆弧长的数值($\Delta F_{\beta(\text{分度圆})}$)。将它乘以 $\cos \alpha$(α 为标准压力角)就得到螺旋线总偏差的数值(端面基圆切线方向上的数值)。

利用能使被测齿轮齿面与指示表测头沿该齿轮基准轴线作相对轴向移动的其他量仪或测量装置也能实现上述测量。

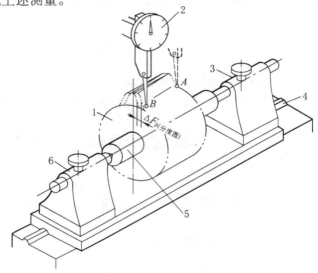

图 16-2　直齿轮螺旋线总偏差测量示意图

1—被测齿轮;2—杠杆型千分表;3、6—顶尖座;4—底座;5—心轴

四、用卧式齿轮径向跳动测量仪测量直齿圆柱齿轮的螺旋线总偏差

(一)量仪说明

卧式齿轮径向跳动测量仪的外形如图 16-3 所示。它由底座 10、装有两个顶尖座 7 的滑台 9 和立柱 1 等三部分组成。被测盘形齿轮安装在心轴 4 上(该齿轮的基准孔与心轴成无间隙配合,用心轴轴线模拟体现该齿轮的基准轴线),把装着被测齿轮的心轴安装在两个顶尖座 7 的顶尖 5 之间;而被测齿轮轴则直接安装在这两个顶尖座的顶尖之间。

顶尖座滑台 9 可以在底座 10 的导轨上沿被测齿轮基准轴线的方向移动。立柱 1 上装有指示表表架 14,它可以沿该立柱上下移动和绕该立柱转动。

测量直齿圆柱齿轮的螺旋线总偏差时,使杠杆型千分表 2 的测头与实际被测齿面在接近分度圆的圆上接触。松开锁紧螺钉 11,转动手轮 12,使顶尖座滑台 9 在底座 10 的导轨上移动,在齿宽计值范围内进行测量。

(二)实验步骤(参看图 16-3)

1. 在量仪上安装被测齿轮

转动手轮 12,使顶尖座滑台 9 移动到底座 10 的中间位置,然后旋紧螺钉 11 加以固定。按被测齿轮的心轴(或被测齿轮轴)的长度和操作要求,先将左顶尖座 7 固定在滑台 9 上,并将其上的顶尖固定。之后,调整右顶尖座 7 的位置,以使在利用其上弹簧顶尖来顶住心轴(或被测齿轮轴)的中心孔时,该心轴不能轴向窜动。在进行上述操作时,应使顶尖伸出顶尖套筒孔的部分尽量短些。

在测量过程中,要防止被测齿轮转动(可以在左顶尖上安装拨杆,在心轴左端安装夹头,然后将夹头与拨杆加以连接和紧固)。

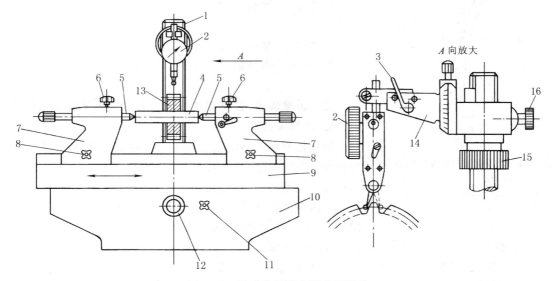

图 16-3　卧式齿轮径向跳动测量仪

1—立柱;2—杠杆型千分表;3—指示表测量扳手;4—心轴;5—顶尖;6—顶尖锁紧螺钉;
7—顶尖座;8—顶尖座锁紧螺钉;9—滑台;10—底座;11—滑台锁紧螺钉;12—滑台移动手轮;
13—被测齿轮;14—指示表表架;15—升降螺母;16—指示表架紧定螺钉

2. 安装和调整杠杆型千分表

将杠杆型千分表 2 安装在表架 14 的表夹中。转动升降螺母 15,使表架 14 沿立柱 1 上下移动并绕该立柱转动,以使千分表 2 的测头与实际被测齿面在接近分度圆的圆上接触。这时将千分表 2 的指针压缩(正转)约 1/4 转,转动表盘(分度盘),使表盘的零刻线对准指针,确定千分表 2 的示值零位。

3. 测量

旋松螺钉 11,转动手轮 12,使顶尖座滑台 9 移动,在齿宽计值范围内进行测量。读取千分表 2 指示的最大与最小示值,将它们的差值乘以 $\cos \alpha$ 就是实际被测齿面的螺旋线总偏差 ΔF_β 的数值。

抬起扳手 3,使千分表 2 升高。把被测齿轮 13 转过一定的角度。然后,放下扳手 3,使测头进入另一个齿槽内,与这个齿槽的实际被测齿面接触,并在齿宽计值范围内进行测量。

应在被测齿轮圆周上测量均布的三个轮齿或更多轮齿左、右齿面的螺旋线总偏差,取其中的最大值 $\Delta F_{\beta \max}$ 作为评定值。

五、思考题

1. 齿轮螺旋线总偏差主要是在加工齿轮时由齿轮坯和切齿机床的什么误差产生的?

2. 为什么同一轮齿左、右齿面的螺旋线总偏差的数值或走向不一定相同?

实验十七　齿轮齿厚偏差的测量

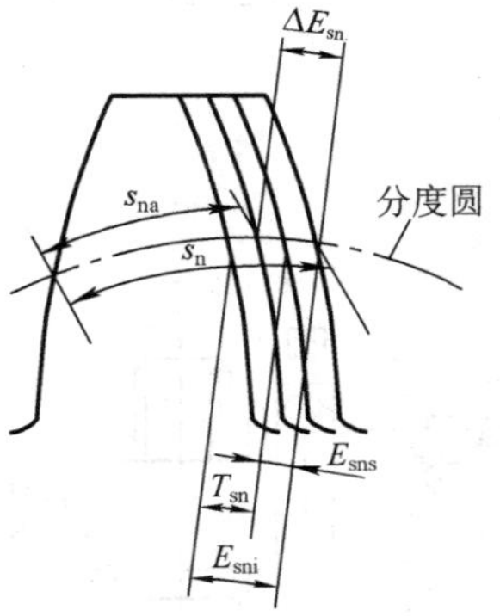

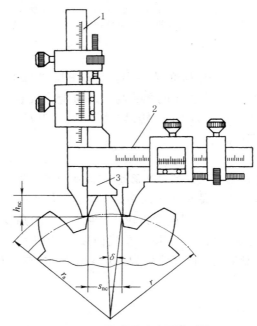

图 17-1　齿厚偏差与齿厚极限偏差

s_n— 公称齿厚；s_{na}— 实际齿厚；ΔE_{sn}— 齿厚偏差；E_{sns}— 齿厚上极限偏差；E_{sni}— 齿厚下极限偏差；T_{sn}— 齿厚公差

一、实验目的

1. 熟悉游标测齿卡尺的结构和使用方法。

2. 掌握齿轮分度圆公称弦齿高和公称弦齿厚的计算公式。

3. 熟悉齿厚偏差的测量方法。

4. 加深对齿厚偏差的定义的理解。

二、齿厚偏差、公称弦齿高和公称弦齿厚的计算公式

1. 齿厚偏差

齿轮齿厚偏差 ΔE_{sn} 是指在齿轮分度圆柱面上,实际齿厚与公称齿厚(齿厚理论值)之差(图 17-1)。对于斜齿轮,指法向实际齿厚与公称齿厚之差。它是评定齿轮齿厚减薄量的指标。合格条件是:所测各齿的齿厚偏差 ΔE_{sn} 皆在齿厚上极限偏差 E_{sns} 与齿厚下极限偏差 E_{sni} 范围内($E_{sni} \leqslant \Delta E_{sn} \leqslant E_{sns}$)。

2. 分度圆公称弦齿高和公称弦齿厚的计算公式

按照定义,齿厚以分度圆弧长计值,但弧长不便于测量。因此,实际上是按分度圆上的弦齿高来测量弦齿厚。参看图 17-2,直齿圆柱齿轮分度圆上的公称弦齿高 h_{nc} 和公称弦齿厚 s_{nc} 的计算公式如下:

图 17-2　分度圆弦齿厚的测量

r — 分度圆半径；r_a — 齿顶圆半径；δ — 齿厚中心角之半；

1 — 垂直游标尺；2 — 水平游标尺；3 — 高度板

$$h_{\mathrm{nc}} = m\left\{1 + \frac{z}{2}\left[1 - \cos\left(\frac{\pi + 4x \cdot \tan\alpha}{2z}\right)\right]\right\}$$

$$s_{\mathrm{nc}} = mz \, \sin\left(\frac{\pi + 4x \cdot \tan\alpha}{2z}\right)$$

(17-1)

式中 m、z、α、x —— 齿轮的模数、齿数、标准压力角、变位系数。

对于标准直齿圆柱齿轮 ($x = 0$)，为了使用方便，按式(17-1)计算出模数为 1 mm 的各种不同齿数的齿轮分度圆公称弦齿高和公称弦齿厚的数值，列于表 17-1。

表 17-1　$m = 1$ mm 的标准直齿圆柱齿轮分度圆公称弦齿高 h_{nc} 和公称弦齿厚 s_{nc} 的数值

齿　数　z	h_{nc}(mm)	s_{nc}(mm)	齿　数　z	h_{nc}(mm)	s_{nc}(mm)
17	1.036 2	1.568 6	34	1.018 1	1.570 2
18	1.034 2	1.568 8	35	1.017 6	1.570 2
19	1.032 4	1.569 0	36	1.017 1	1.570 3
20	1.030 8	1.569 2	37	1.016 7	1.570 3
21	1.029 4	1.569 4	38	1.016 2	1.570 3
22	1.028 1	1.569 5	39	1.015 8	1.570 4
23	1.026 8	1.569 6	40	1.015 4	1.570 4
24	1.025 7	1.569 7	41	1.015 0	1.570 4
25	1.024 7	1.569 8	42	1.014 7	1.570 4
26	1.023 7	1.569 8	43	1.014 3	1.570 5
27	1.022 7	1.569 9	44	1.014 0	1.570 5
28	1.022 0	1.570 0	45	1.013 7	1.570 5
29	1.021 3	1.570 0	46	1.013 4	1.570 5
30	1.020 5	1.570 1	47	1.013 1	1.570 5
31	1.019 9	1.570 1	48	1.012 9	1.570 5
32	1.019 3	1.570 2	49	1.012 6	1.570 5
33	1.018 7	1.570 2	50	1.012 3	1.570 5

注：对于其他模数的齿轮，则将表中的数值乘以模数。

三、量具说明

实际弦齿厚可以用游标测齿卡尺(图 17-2)或光学测齿卡尺测量。本实验用游标分度值为 0.02 mm 的游标测齿卡尺测量实际弦齿厚，其读数方法与普通游标卡尺相同。游标测齿卡尺由互相垂直的两个游标尺——垂直游标尺和水平游标尺组成。测量时以齿轮的齿顶圆作为测量基准。垂直游标尺 1 用于按分度圆公称弦齿高 h_{nc} 确定高度板 3 的位置；水平游标尺 2 则用于测量分度圆实际弦齿厚 s_{nca} 的数值。

四、实验步骤(参看图 17-2)

(1) 根据被测齿轮的模数 m、齿数 z 和标准压力角 α、变位系数 x，计算齿顶圆公称直径 d_{a} 和分度圆公称弦齿高 h_{nc}、公称弦齿厚 s_{nc}(或从表 17-1 中查取)。

(2) 用外径千分尺测量齿轮齿顶圆实际直径 $d_{\mathrm{a实际}}$。按 $\left[h_{\mathrm{nc}} + \dfrac{1}{2}(d_{\mathrm{a实际}} - d_{\mathrm{a}})\right]$ 的数值调整游标测齿卡尺的垂直游标尺高度板 3 的位置，然后将其游标加以固定。

(3) 将游标测齿卡尺置于被测轮齿上，使垂直游标尺 1 的高度板 3 与齿轮齿顶可靠地接触。然后移动水平游标尺 2 的量爪,使它和垂直游标尺 1 的量爪分别与被测轮齿的右、左齿面接触(齿轮齿顶与垂直游标尺的高度板 3 之间不得出现空隙),从水平游标尺 2 上读出实际弦齿厚 s_{nca} 的数值。

(4)对齿轮圆周上均布的几个轮齿进行测量。测得的实际弦齿厚与公称弦齿厚之差即为齿厚偏差 ΔE_{sn}。取这些齿厚偏差中的最大值和最小值作为评定值,评定值均在齿厚极限偏差范围内,才认定合格。

五、思考题

1. 测量齿轮齿厚偏差时,如果不计及齿顶圆直径尺寸的实际偏差,而按计算得到的弦齿高 h_{nc} 调整游标测齿卡尺的垂直游标尺,那将产生什么不良影响?

2. 齿轮齿厚偏差 ΔE_{sn} 可以用什么评定指标代替?

实验十八　齿轮公法线长度偏差的测量

一、实验目的

1. 熟悉公法线千分尺或公法线指示规的结构和使用方法。
2. 掌握齿轮公称公法线长度的计算公式。
3. 熟悉公法线长度的测量方法。
4. 加深对公法线长度偏差的定义的理解。

二、公法线长度偏差与公称公法线长度的计算公式

1. 公法线长度偏差

参看图 18-1,齿轮公法线长度是指齿轮上几个轮齿的两端异向齿廓间所包含的一段基圆圆弧,即两端异向齿廓间基圆切线线段的长度。公法线长度偏差 ΔE_w 是指实际公法线长 W_k 与公称公法线长度 W 之差。它是评定齿轮齿厚减薄量的指标。合格条件是:被测各条公法线长度的偏差皆在公法线长度上极限偏差 E_{ws} 与下极限偏差 E_{wi} 范围内($E_{wi} \leqslant \Delta E_w \leqslant E_{ws}$)。

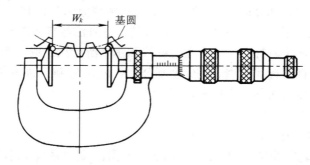

图 18-1　公法线千分尺

2. 直齿圆柱齿轮的公称公法线长度计算公式

直齿圆柱齿轮的公称公法线长度 W 按下式计算:

$$W = m\cos\alpha[\pi(k - 0.5) + z\operatorname{inv}\alpha] + 2xm\sin\alpha \tag{18-1}$$

式中　m、z、α、x、k —— 齿轮的模数、齿数、标准压力角、变位系数、跨齿数；

　　　　$\mathrm{inv}\,\alpha$ —— 渐开线函数，$\mathrm{inv}\,20° = 0.014\,904$。

测量标准直齿圆柱齿轮（$x = 0$）时的跨齿数 k 按下式计算：

$$k = z\alpha / 180° + 0.5 \tag{18-2}$$

当 $\alpha = 20°$ 时，跨齿数 $k = z/9 + 0.5$。

测量变位直齿圆柱齿轮时的跨齿数 k 按下式计算：

$$k = z\alpha_{\mathrm{m}} / 180° + 0.5 \tag{18-3}$$

式中，$\alpha_{\mathrm{m}} = \arccos[d_{\mathrm{b}}/(d + 2xm)]$，$d_{\mathrm{b}}$ 和 d 分别为齿轮基圆直径和分度圆直径。

计算出的 k 值通常不是整数，必须将它化整为最接近计算值的整数。

对于标准直齿圆柱齿轮（$x = 0$），为了使用方便，按式(18-2)和式(18-1)分别计算出 $\alpha = 20°$、$m = 1\,\mathrm{mm}$ 的各种不同齿数的齿轮的跨齿数 k 化整值和公称公法线长度 W 的数值，列于表 18-1。

表 18-1　$\alpha = 20°$、$m = 1\,\mathrm{mm}$ 的标准直齿圆柱齿轮的公称公法线长度 W 的数值

z	k	W(mm)	z	k	W(mm)	z	k	W(mm)
17	2	4.666 3	29		10.738 6	41		13.858 8
18		7.632 4	30		10.752 6	42	5	13.872 3
19		7.646 4	31		10.766 6	43		13.886 8
20		7.660 4	32	4	10.780 6	44		13.900 8
21		7.674 4	33		10.794 6	45		16.867 0
22	3	7.688 4	34		10.808 6	46		16.881 0
23		7.702 4	35		10.822 6	47		16.895 0
24		7.716 5	36		13.788 8	48	6	16.909 0
25		7.730 5	37		13.802 8	49		16.923 0
26		7.744 5	38	5	13.816 8	50		16.937 0
27	4	10.710 6	39		13.830 8			
28		10.724 6	40		13.844 8			

注：对于其他模数的齿轮，则将表中的数值乘以模数。

三、量具量仪说明

公法线长度通常使用公法线千分尺或公法线指示规测量。

1. 公法线千分尺

公法线千分尺的外形见图 18-1。它的结构、使用方法和读数方法皆与外径千分尺相同，不同之处仅是量砧制成碟形，以便于碟形量砧能够进入齿槽进行测量。

2. 公法线指示规

公法线指示规的结构图见图 18-2。量仪的弹性开口圆柱套 2 的孔比圆柱 1 稍小，将专门扳手 9 从圆柱 1 内孔右端取出，插入圆柱套 2 的开口槽中，可使圆柱套 2 沿圆柱 1 移动。活动量爪 4 的位移通过比例杠杆 5 传递到指示表 6 的测头，由该指示表的指针显示出来（指示表分度值为 0.005 mm）。按压按钮 8，能够使活动量爪 4 退开（向左移动）。用组成公称公法线长度的量块组调整活动量爪 4 与固定量爪 3 之间的距离，使指示表 6 的指针压缩（正转）约半转，之后转动指示表 6 的表盘（分度盘），使该表盘的零刻线对准指针，确定量仪指示

表的示值零位。然后,用这个调整好示值零位的量仪按相对(比较)测量法来测量齿轮各条实际公法线长度对公称公法线长度的偏差。测量时应轻轻摆动量仪,按指针转动的转折点(最小示值)进行读数。

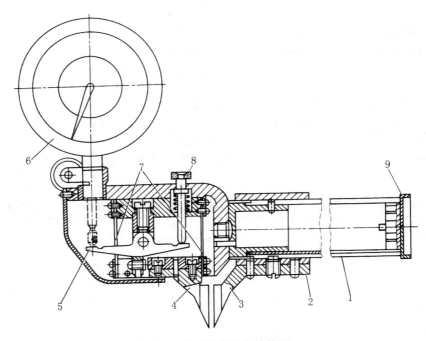

图 18-2 公法线指示规结构图

1—圆柱;2—开口圆柱套;3—固定量爪;4—活动量爪;5—比例杠杆;
6—指示表;7—片簧;8—按钮;9—扳手

四、实验步骤

(1) 根据被测齿轮的模数 m、齿数 z 和标准压力角 α 等参数计算跨齿数 k 和公称公法线长度 W(或从表 18-1 查取)。

(2) 按公称公法线长度 W,选择测量范围合适的公法线千分尺,并应注意校准其示值零位。若使用公法线指示规测量,则按 W 值选取几块量块,用量块组调整量仪指示表的示值零位。

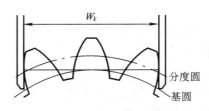

图 18-3 公法线长度测量示意图

(3) 测量公法线长度时应注意千分尺两个碟形量砧的位置(或指示规两个量爪的位置),使两个量砧与齿面在分度圆附近相切(图 18-3)。

(4) 在被测齿轮圆周上测量均布的 8 条或更多条公法线长度,所测得各个公法线长度偏差均在其上、下极限偏差范围内,才判定为合格。测量后,应校对量具量仪示值零位,误差不得超过半格刻度。

五、思考题

1. 与测量齿轮齿厚相比较,测量齿轮公法线长度有何优点?

2. 直齿内齿轮和斜齿内齿轮公法线长度能否实现测量?

实验十九　齿轮径向跳动的测量

一、实验目的

1. 了解卧式或立式齿轮径向跳动测量仪的结构并熟悉它的使用方法。
2. 加深对齿轮径向跳动的定义的理解。

二、齿轮径向跳动及其合格条件

齿轮径向跳动 ΔF_r 是指将测头相继放入被测齿轮每个齿槽内,于接近齿高中部的位置与左、右齿面接触时,从它到该齿轮基准轴线的最大距离与最小距离之差,如图 19-1 所示。

齿轮径向跳动属于齿轮的非强制性检测精度指标。按 GB/T 10095.2—2008 的规定,在一定条件下,它可以用来评定齿轮传递运动的准确性。合格条件是:被测齿轮的 ΔF_r 不大于齿轮径向跳动允许值 F_r $(\Delta F_r \leqslant F_r)$。

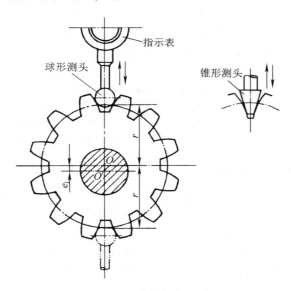

图 19-1　齿轮径向跳动

O—加工齿轮时的回转轴线;O'—齿轮基准孔的轴线(测量基准);r—测量半径;e_1—几何偏心

齿轮径向跳动可以使用齿轮径向跳动测量仪、万能测齿仪来测量。本实验采用卧式或立式齿轮径向跳动测量仪进行测量。

三、用卧式齿轮径向跳动测量仪测量齿轮径向跳动

(一) 量仪说明

卧式齿轮径向跳动测量仪的外形如图 19-2 所示。测量时,把被测齿轮 13 用心轴 4 安装在两个顶尖座 7 的顶尖 5 之间(齿轮基准孔与心轴成无间隙配合,用心轴轴线模拟体现该齿轮的基准轴线),或把齿轮轴直接安装在两个顶尖之间。指示表 2 的位置固定后,使安装

在指示表测杆上的球形测头或圆锥角等于 2α(α 为标准压力角)的锥形测头在齿槽内于接近齿高中部与该齿槽左、右齿面接触。测头尺寸的大小应与被测齿轮的模数相适应,以保证测头在接近齿高中部与齿槽双面接触。用测头逐齿槽地测量它相对于齿轮基准轴线的径向位移,该径向位移由指示表 2 的示值反映出来。指示表的最大与最小示值之差即为齿轮径向跳动 ΔF_r 的数值。

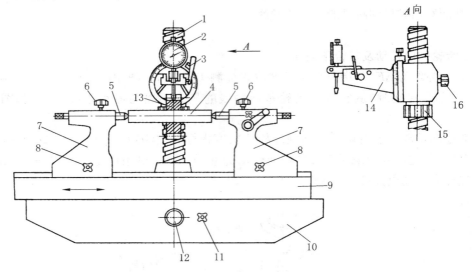

图 19-2　卧式齿轮径向跳动测量仪

1—立柱;2—指示表;3—指示表测量扳手;4—心轴;5—顶尖;6—顶尖锁紧螺钉;7—顶尖座;8—顶尖座锁紧螺钉;9—滑台;10—底座;11—滑台锁紧螺钉;12—滑台移动手轮;13—被测齿轮;14—指示表表架;15—升降螺母;16—指示表表架锁紧螺钉

(二)实验步骤(参看图 19-2)

1. 在量仪上调整指示表的球形或锥形测头与被测齿轮的相对位置

根据被测齿轮的模数,选择尺寸合适的球形或锥形测头,把它安装在指示表(百分表)2 的测杆上。

把被测齿轮 13 安装在心轴 4 上(该齿轮的基准孔与心轴成无间隙配合),然后把该心轴安装在两个顶尖 5 之间。注意调整这两个顶尖之间的距离,使心轴无轴向窜动,且能转动自如。

松开螺钉 11,转动手轮 12,使滑台 9 移动,以便使测头大约位于齿宽中间。然后,将螺钉 11 锁紧。

2. 调整量仪指示表的示值零位

放下扳手 3,松开螺钉 16,转动螺母 15,使指示表测头随表架 14 沿立柱 1 下降到与某个齿槽双面接触。把指示表 2 的指针压缩(正转)1~2 转,然后旋紧螺钉 16,使表架 14 的位置固定。转动指示表的表盘(分度盘),把表盘的零刻线对准指示表的长指针,确定指示表的示值零位。

3. 测量

抬起扳手 3,使指示表 2 升高,把被测齿轮 13 转过一个齿槽。然后,放下扳手 3,使测头进入这个齿槽内,与这个齿槽双面接触,并记下指示表的示值。这样逐齿槽地依次测量所有的齿槽,从各次示值中找出最大示值和最小示值,它们的差值即为被测齿轮的径向跳动 ΔF_r 的数值。

四、用立式齿轮径向跳动测量仪测量齿轮径向跳动

(一) 量仪说明

立式齿轮径向跳动测量仪的外形如图 19-3 所示。测量时,把被测齿轮 11 用心轴 12 安装在顶尖架的两个顶尖 10 与 13 之间(齿轮基准孔与心轴成无间隙配合,用心轴模拟体现该齿轮的基准轴线),或把齿轮轴直接安装在两个顶尖之间。指示表 2 的位置固定后,使安装在指示表测杆上的球形测头或圆锥角等于 $2\alpha(\alpha$ 为标准压力角)的锥形测头在齿槽内于接近齿高中部与左、右齿面接触。测头尺寸的大小应与被测齿轮的模数相适应,以保证测头在接近齿高中部与齿槽双面接触。用测头逐齿槽地测量它相对于齿轮基准轴线的径向位移,该径向位移由指示表 2 的示值反映出来。指示表的最大示值与最小示值之差即为齿轮径向跳动 ΔF_r 的数值。

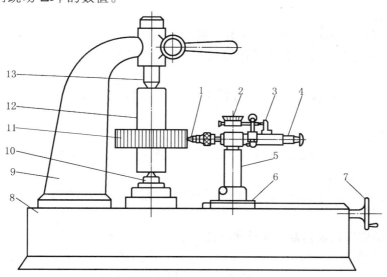

图 19-3　立式齿轮径向跳动测量仪

1—球形或锥形测头;2—指示表;3—挡块;4—测量杆;5—滑柱;6—滑座;7—手轮;
8—底座;9—支架;10—下顶尖;11—被测齿轮;12—心轴;13—上顶尖

(二) 实验步骤(参看图 19-3)

1. 在量仪上调整测量杆的球形或锥形测头与被测齿轮的相对位置

根据被测齿轮的模数,选择尺寸合适的球形或锥形测头 1,把它安装在测量杆 4 的左端。把被测齿轮 11 安装在心轴 12 上(该齿轮的基准孔与心轴成无间隙配合)。然后,将心轴 12 安装在上顶尖 13 与下顶尖 10 之间。注意调整这两个顶尖之间的距离,使心轴无轴向窜动,且能转动自如。

挡块 3 与测量杆 4 是一个整体。调整指示表(百分表)2 的位置,以便使它的测头与挡块 3 接触。当测量杆 4 移动时,位置固定的指示表 2 的指针就随之转动。测量杆 4、测头 1、挡块 3 和指示表 2 共同构成量仪的读数装置。上下移动滑柱 5,调整读数装置的垂直位置,

使测头 1 大约位于齿宽中间。

2. 调整量仪指示表的示值零位

前后移动指示表 2，使指示表的测头与测量杆 4 上的挡块 3 接触，并使指示表的指针压缩(正转)2～3 转，然后将指示表的位置加以固定。转动手轮 7，将滑座 6 移向被测齿轮 11，使测头 1 进入某个齿槽，与该齿槽双面接触。当测量杆 4 后退到使指示表 2 的指针反转 1～2 转时，把装着读数装置的滑座 6 的位置加以固定。转动指示表 2 的表盘(分度盘)，将表盘的零刻线对准指示表的长指针，确定指示表 2 的示值零位，并把这个齿槽作为第一个齿槽。

3. 测量

用手向后拉动测量杆 4，使测头 1 退出第一个齿槽，把被测齿轮转过一个齿槽，再把测头 1 伸进下一个齿槽，与该齿槽双面接触，并记下指示表的示值。这样逐齿槽地依次测量所有的齿槽，从各次示值中找出最大示值与最小示值，它们的差值即为被测齿轮的径向跳动 ΔF_r 的数值。

五、思考题

1. 齿轮径向跳动 ΔF_r 主要反映齿轮的哪个加工误差？
2. 齿轮径向跳动 ΔF_r 可否用其他的精度评定指标代替？

实验二十　齿轮径向综合偏差的测量

一、实验目的

1. 了解齿轮双面啮合综合测量仪的结构并熟悉使用它测量齿轮径向综合总偏差和一齿径向综合偏差的方法。
2. 加深对齿轮径向综合总偏差和一齿径向综合偏差的定义的理解。

二、双啮精度指标及其合格条件和测量方法

齿轮的双啮精度指标为齿轮径向综合总偏差和一齿径向综合偏差。

齿轮径向综合总偏差 $\Delta F_i''$ 是指被测齿轮与测量齿轮双面啮合检测时(前者左、右齿面同时与后者齿面接触)，在被测齿轮一转内双啮中心距的最大值与最小值之差。一齿径向综合偏差 $\Delta f_i''$ 是指被测齿轮与测量齿轮双面啮合检测时，在被测齿轮一转中对应一个齿距角(360°/z，z 为被测齿轮的齿数)范围内双啮中心距的变动量，取其中的最大值 $\Delta f_{i\,max}''$ 作为评定值。测量齿轮的精度应比被测齿轮至少高四级。

$\Delta F_i''$ 和 $\Delta f_i''$ 都属于齿轮的非强制性检测精度指标。按 GB/T 10095.2—2008 的规定，在一定条件下，它们可以分别用来评定精度等级为 4～12 级的齿轮的传递运动准确性和传动平稳性。它们的合格条件分别是：$\Delta F_i''$ 不大于齿轮径向综合总偏差允许值 F_i''($\Delta F_i'' \leqslant F_i''$)；$\Delta f_{i\,max}''$ 不大于一齿径向综合偏差允许值 f_i''($\Delta f_{i\,max}'' \leqslant f_i''$)。

$\Delta F_i''$ 和 $\Delta f_i''$ 用齿轮双面啮合综合测量仪(双啮仪)来测量。参看图 20-1a，被测齿轮 2 安装在测量时位置固定的滑座 1 的心轴上，测量齿轮 3 安装在测量时可径向移动的滑座 4 的心轴上，利用弹簧 6 的作用，使两个齿轮作无侧隙的双面啮合。齿轮 2 和 3 双面啮合时的中心距 a'' 称为双啮中心距。测量时，转动被测齿轮 2，带动测量齿轮 3 转

动。被测齿轮的几何偏心、齿廓偏差和齿距偏差等误差，使测量齿轮 3 连同心轴和滑座 4 相对于被测齿轮 2 的基准轴线作径向位移，即双啮中心距 a'' 发生变化。双啮中心距的变化 $\Delta a''$ 由指示表 7 读出，或由记录器 5 记录下来而得到径向综合偏差曲线，如图 20-1b 所示。

从图 20-1b 可看出，在被测齿轮一转（360°）范围内，指示表 7 反映出的最大示值 a''_{max} 与最小示值 a''_{min} 之差即为双啮中心距的变动量，它就是齿轮径向综合总偏差 $\Delta F''_i$。在被测齿轮一个齿距角（360°/z）范围内，指示表 7 反映出的双啮中心距的变动量即为一齿径向综合偏差 $\Delta f''_i$。

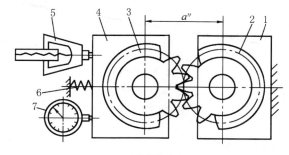

（a）双啮仪测量原理图

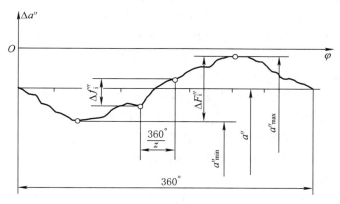

（b）双啮仪测量记录曲线

图 20-1　齿轮双面啮合综合测量

1—固定滑座；2—被测齿轮；3—测量齿轮；4—可移动滑座；5—记录器；6—弹簧；7—指示表；
φ—被测齿轮的转角；a''—双啮中心距；$\Delta a''$—指示表示值；z—被测齿轮的齿数

三、量仪说明

图 20-2 为齿轮双面啮合综合测量仪的外形图。量仪的底座 12 上安放着测量时位置固定的滑座 1 和测量时可移动的滑座 2，它们的心轴上分别安装被测齿轮 9 和测量齿轮 8。受压缩弹簧的作用，两齿轮可作双面啮合。转动手轮 11 可以移动固定滑座 1，以调整它在底座 12 上的位置，然后用手柄 10 加以固定。双啮中心距的变动量可以由指示表（百分表）6 的示值反映出来，或者用记录器 7 记录下来。手轮 3、销钉 4 和螺钉 5 用于调整滑座 2 的移动范围。

该量仪用于测量圆柱齿轮（测量范围：模数 1～10 mm，中心距 50～300 mm），安装上附件，还能测量圆锥齿轮和蜗轮副。

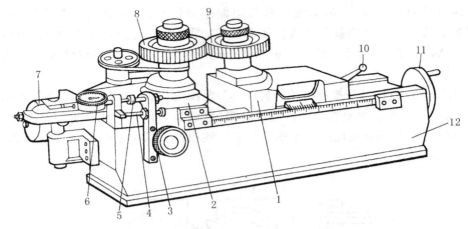

图 20-2　双啮仪

1—固定滑座；2—可移动滑座；3—手轮；4—销钉；5—螺钉；6—指示表；7—记录器；
8—测量齿轮；9—被测齿轮；10—手柄；11—手轮；12—底座

四、实验步骤(参看图 20-2)

(1) 将测量齿轮 8 和被测齿轮 9 分别安装在可移动滑座 2 和固定滑座 1 的心轴上。按逆时针方向转动手轮 3,直至手轮 3 转动到滑座 2 向左移动被销钉 4 挡住为止。这时,滑座 2 大致停留在可移动范围的中间。然后,松开手柄 10,转动手轮 11,使滑座 1 移向滑座 2,当这两个齿轮接近双面啮合时,将手柄 10 压紧,使滑座 1 的位置固定。之后,按顺时针方向转动手轮 3,由于弹簧的作用,滑座 2 向右移动,这两个齿轮便作无侧隙的双面啮合。

(2) 调整螺钉 5 的位置,使指示表 6 的指针因弹簧压缩而正转 1~2 转,然后把螺钉 5 的紧定螺母拧紧。转动指示表 6 的表盘(分度盘),把表盘的零刻线对准指示表的长指针,确定指示表的示值零位。使用记录器 7 时,应在滚筒上裹上记录纸,并把记录笔调整到中间位置。

(3) 使被测齿轮 9 旋转一转,记下指示表的最大示值与最小示值,它们的差值即为径向综合总偏差 $\Delta F_i''$ 的数值。

使被测齿轮 9 转动一个齿距角($360°/z$),记下指示表在这范围内的最大示值与最小示值之差作为一次测量结果。这样在被测齿轮一转范围内均匀间隔的几个部位分别测量几次,从记录的这几次测量结果中取最大值 $\Delta f_i''{}_{\max}$ 作为该齿轮的一齿径向综合偏差的评定值。

如果使用记录器 7,将得到如图 20-1b 所示的径向综合偏差曲线,可以从该曲线上量得 $\Delta F_i''$ 和 $\Delta f_i''$ 的数值。

五、思考题

1. 齿轮径向综合总偏差 $\Delta F_i''$ 和一齿径向综合偏差 $\Delta f_i''$ 分别反映齿轮的哪些加工误差?

2. 齿轮双面啮合综合测量的优点和缺点是什么?